高等院校艺术学门类"十四五"系列教材

建筑模型制作教程

（第三版）

JIANZHU MOXING ZHIZUO JIAOCHENG

主 编 ◎ 黄 信 张 凌 曹 喆
副主编 ◎ 栾黎荔 兰 鹏 潘 磊 喻 欣 万 琳

华中科技大学出版社
http://www.hustp.com
中国·武汉

内 容 简 介

本书根据当前社会对高校环境艺术设计专业人才的要求而编写,注重培养学生的空间思维能力、动手能力和团队合作能力。本书编写符合环境艺术设计专业本(专)科教学规范要求,内容系统而全面,图文并茂,具有较强的实用性和借鉴性。

全书分为5章,分别是概述、建筑模型的制作材料与工具、项目式教学实践、建筑模型作品欣赏、建筑模型制作参考图例。

本书既可作为高校环境艺术设计专业、建筑艺术设计专业、园林景观设计专业的教材,也可作为建筑模型制作爱好者、建筑设计工作者的参考书。

图书在版编目(CIP)数据

建筑模型制作教程/黄信,张凌,曹喆主编.—3版.—武汉:华中科技大学出版社,2022.3(2024.1重印)
ISBN 978-7-5680-8060-6

I.①建… Ⅱ.①黄… ②张… ③曹… Ⅲ.①模型(建筑)-制作-高等学校-教材 Ⅳ.①TU205

中国版本图书馆 CIP 数据核字(2022)第 039428 号

建筑模型制作教程(第三版) 黄信 张凌 曹喆 主编
Jianzhu Moxing Zhizuo Jiaocheng (Di-san Ban)

策划编辑:彭中军
责任编辑:张 娜
封面设计:孢 子
责任监印:朱 玢
出版发行:华中科技大学出版社(中国·武汉) 电话:(027)81321913
　　　　　武汉市东湖新技术开发区华工科技园 邮编:430223
录　　排:武汉创易图文工作室
印　　刷:武汉市洪林印务有限公司
开　　本:880 mm×1230 mm 1/16
印　　张:8.25
字　　数:265 千字
版　　次:2024 年 1 月第 3 版第 2 次印刷
定　　价:59.00 元

第三版前言
Preface

  《建筑模型制作教程(第二版)》自 2017 年出版以来,得到了各高等院校环境设计及相关专业师生和广大读者的认可。在这段时间内,随着环境设计理论知识的更新,编者通过建筑模型制作课程教学实践认识到,书中有关内容需要补充与完善,从而在更高层次上满足专业教学实践及广大读者的需求。

  建筑模型制作课程是高等艺术院校环境艺术设计专业开设的专业基础课,通过本课程的学习,学生将对建筑模型的概念、作用、分类等理论知识有一个系统的认识,在模型制作过程中学生还将对建筑空间组合、建筑色彩搭配规律、建筑模型制作方法有更深的理解,从而为后一阶段学习建筑空间设计奠定扎实的基础。

  《建筑模型制作教程(第三版)》在前版的基础上,结构有了较大变动,本着实用、系统、创新的原则,力求体现艺术设计类教材的特点,集知识性、实践性、启发性、创造性于一体,力求在传统教材模式上有所突破,体现项目式教学的优势,使之更加贴近学生的阅读习惯和学习特点,激发学生的求知欲和动手制作的积极性。

  本书在编写的过程中参考了大量图片及文字资料,在此感谢武汉理工大学土木与建筑学院建筑学系王晓教授、湖北工业大学工程技术学院艺术设计系的领导及同事们的理解与支持,感谢华立文具湖北工业大学店、武汉赛悦模型设计有限公司的支持,同时感谢湖北工业大学工程技术学院艺术设计系环境艺术专业的同学们提供的图片及文字支持。因为通信地址不详或其他原因,部分模型作者及指导教师、曾经给予帮助的人士或单位在此无法提到,请多多包涵。

  由于编写时间仓促,编者水平有限,书中难免有错误和欠妥之处,恳请广大读者和相关专业人士批评指正。

编者

2022 年 1 月

目录
Contents

Jianzhu Moxing Zhizuo Jiaocheng

第1章
概　　述

谈到建筑模型,大家会联想到房地产市场中售楼部的小区规划模型和样板间模型,也会联想到博物馆、科技馆中陈列的模型,以及运用软件制作的三维建筑模型。我们学习建筑模型,首先从概念说起。

1.1
建筑模型的概念

在《现代汉语词典(第7版)》中,对模型的解释是:依照实物的形状和结构按比例制成的物品,多用于展览或实验。

建筑模型是在建筑设计的构思及成果阶段用立体形态表现建筑物或建筑群的形象、体量关系、空间关系的一种手段,如图1-1所示为某公共建筑模型,整个建筑为一个围合式形态。

建筑模型是根据建筑平面图、立面图中的建筑形态和尺寸,通过各种材料和工艺制作出的三维立体形态,使设计师和建筑师可以直观地感受建筑体量、推敲建筑细部、调整空间关系。

图1-1 某公共建筑模型 （作者:黄小龙 指导教师:黄信）

1.2
建筑模型的发展历程

在我国,墓葬出土的文物中就可以找到古代建筑模型。如考古人员在川渝地区发掘了陶制房屋模型和建筑构件,如图 1-2 和图 1-3 所示。1978 年 2 月,江苏省溧阳县竹箦公社(现溧阳市竹箦镇)出土了北宋时期一组造型精美的琉璃楼亭轩榭建筑模型。此外,元代盝顶式建筑模型——唐兀公碑是元代建筑模型的历史遗存。

图 1-2　彩绘陶房

图 1-3　陶屋栏杆

从 1949 年新中国成立起,我国建筑模型的发展共经历了三个重要时期:

第一个时期是 20 世纪 50 年代,模型制作在我国建筑设计中的地位得以确立。1959 年是不平凡的一年,这一年是新中国成立 10 周年,随着北京十大建筑设计与施工的开始,建筑模型在建筑师设计构思和设计成果表现中起着重要的作用。

第二个时期是 20 世纪 90 年代初期,随着房地产业的兴起,建筑沙盘模型和户型模型得到快速发展。

在 20 世纪 90 年代以前,建筑模型并非一个独立的行业,它只是广告公司的一个附属产业。直到 1992 年,深圳出现了专业建筑沙盘模型设计制作公司。此后,建筑沙盘模型设计制作业务逐渐扩展到北京和上海等地区。建筑沙盘模型设计制作也逐渐从广告公司分离出来,成为一个独立的行业。

这一时期,建筑和展示模型也得到快速发展,尤其是户型模型和小区规划模型逐渐成为房地产开发商推销楼盘重要的演示工具,如图 1-4 和图 1-5 所示。

图 1-4　户型模型

图 1-5　小区规划模型

第三个时期是当今建筑模型发展时期。建筑模型采用新材料、新设备，模拟真实环境，体现了建筑模型设计与制作的专业性、精细度和艺术价值。

建筑模型公司一方面引进先进的模型激光雕刻设备，另一方面整合人力资源，将员工分为若干小组，如电脑制图组、建筑模型制作组、景观制作组、配景制作组、电工组等，形成了完善的模型加工制作流水线，各小组各负其责，制作出令委托方满意的建筑模型作品，如图 1-6 至图 1-8 所示。

图 1-6　户型模型　（武汉赛悦模型设计有限公司）

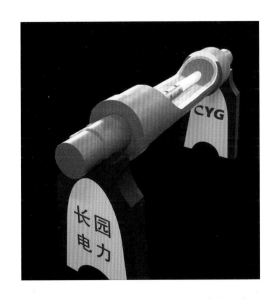

图 1-7　工业模型　（武汉赛悦模型设计有限公司）

图 1-8　古建筑模型　（武汉赛悦模型设计有限公司）

1.3
建筑模型的作用

建筑模型的作用主要表现在以下几个方面：

首先，建筑模型是建筑师构思建筑设计方案的一种手段，世界著名建筑大师弗兰克·盖里在建筑创作过程中常常制作概念模型进行方案的演示与推敲。

其次，建筑模型是建筑设计成果的重要组成部分，其中商业建筑模型和小区规划模型是房地产开发商推销商品、促销商品不可或缺的工具。小区中每栋住宅楼的空间位置、朝向，每种户型的空间位置与朝向，小区内部景观规划形态、绿化面积都十分清晰地展示在参观者，尤其是购房者的面前，这有利于开发商销售商品房。

再次，参观者可以通过建筑模型直观地、全面地了解建筑的形象、结构、色彩、材料等，具有一定的展示作用。比如国家体育场"鸟巢"，总建筑面积25.8万平方米，占地20.4公顷，地上高度69.21米。整个建筑造型呈椭圆形、马鞍形，参观者可以通过"鸟巢"建筑模型看到整个建筑的形象。再如深圳世界大学生运动会主场馆"春茧"，该建筑通过白色巨型网架结构将建筑空间有机结合在一起，外形如同"春茧"一般。

1.4
建筑模型的分类

建筑模型可以从制作深度、表现内容、模型体量上进行分类，以下分别进行介绍。

一、按制作深度分类

1. 概念模型

概念模型是当建筑设计处于初始阶段，设计师运用抽象化的符号表达建筑形体和空间关系的模型。如图1-9和图1-10所示，概念模型反映了建筑和周围环境之间的关系。

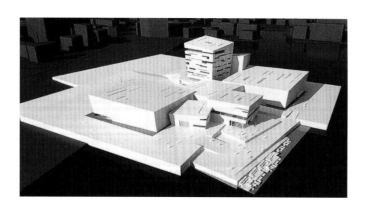

图1-9　某生态城建筑概念模型

图1-10　建筑概念模型　（作者：石峰等
指导教师：黄信）

概念模型有如下特点：选材比较自由、概括性强、制作快速，注重整体关系，象征化、抽象化。概念模型无须推敲过多的建筑细节，而是重点塑造建筑的体量与形态，有利于把握建筑与周围环境、建筑与建筑之间的比例关系。如图1-10所示，该建筑模型采用牛皮纸和KT板的边角余料制作，制作者将牛皮纸折叠围合成一个封闭的六面体，这个六面体便成为一个概念的建筑，若干个六面体围合成一个概念建筑群，在六面体的一面或两面剪出一个矩形的孔便是一个概念的窗,再将 KT 板剪切成带状,错落有致地搭接在六面体的周围,形成建筑外部进入建筑内部的过渡空间。

概念模型不仅可以抽象地表达建筑形体,而且可以抽象地表达室内空间结构和形态,如图 1-11 至图 1-13 所示。

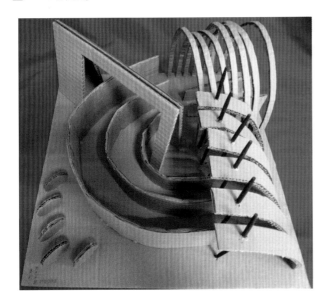

图 1-11　空间概念模型 （指导教师:罗倩倩）

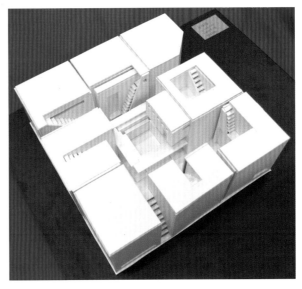

图 1-12　建筑概念模型 （作者:庹琪瑶　指导教师:黄信）

图 1-13　空间概念模型 （深圳大学建筑与城市规划学院学生作品）

2. 标准模型

标准模型是在概念模型的基础上进行深化表现。相对于概念模型而言,标准模型在比例上、色彩上、材质上、建筑细节表达上更趋向真实。标准模型从内容上分为单体建筑标准模型和建筑群标准模型;从色彩上分为单色系标准模型和自然色系标准模型。如图 1-14 所示,该建筑模型为单色系标准模型,整个建筑模型的主体采用白色。

图 1-14　学生公寓标准模型　（作者：杨光、余意、高蘅、胡慧丰　指导教师：黄信）

3. 展示模型

　　展示模型是标准模型基础上的深化表达，与真实的建筑相比，展示模型是按照一定比例微缩真实的建筑，无论是在结构上，还是在色彩上都与真实的建筑完全一致。展示模型主要用于展示设计师的最终设计成果。展示模型分为单体建筑展示模型、建筑室内展示模型、建筑群规划展示模型。图 1-15 和图 1-16 所示的模型是单体建筑展示模型；图 1-17 所示的建筑模型是建筑群规划展示模型。

图 1-15　单体建筑展示模型

图 1-16　单体建筑展示模型　（作者：王学林、夏添、曾昊、涂飞）

图 1-17　建筑群规划展示模型

二、按表现内容分类

建筑按照使用功能可以分为居住建筑、公共建筑、农业建筑、工业建筑。那么，建筑模型按表现内容可以分为居住建筑模型、公共建筑模型、农业建筑模型和工业建筑模型。

1. 居住建筑模型

居住建筑模型的表现内容主要包括别墅建筑模型、住宅建筑模型、民居建筑模型、宿舍公寓类建筑模型。在这些模型中，住宅建筑模型和别墅建筑模型最为常见。房地产开发中有大量的居住区规划设计项目，开发商为了促销，根据项目内容，委托模型公司制作了大量的住宅及别墅建筑模型，如图 1-18 和图 1-19 所示。

图 1-18　住宅建筑模型

图 1-19　别墅建筑模型

2. 公共建筑模型

公共建筑模型的表现内容十分广泛,如行政办公建筑模型、教育建筑模型、医疗建筑模型、商业建筑模型、观演建筑模型、园林建筑模型、交通建筑模型等。

如图 1-20 所示的公共建筑模型,其主材为模型板、卡纸等。如图 1-21 所示是在园林水面之中的一个仿古建筑模型——廊亭模型。如图 1-22 所示是某博物馆陈列的公共建筑模型。

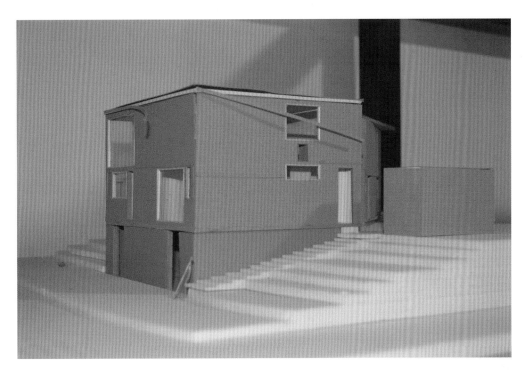

图 1-20　公共建筑模型　（深圳大学建筑与城市规划学院学生作品）

图 1-21　廊亭模型　（作者：王晨、金雯婷、刘天笑　指导教师：黄信）

图 1-22　公共建筑模型

3. 农业建筑模型

农业建筑模型主要指表现农业、农牧生产和加工的建筑模型,如温室模型、饲养场模型、粮食加工站模型、农机修理站模型等。

4. 工业建筑模型

工业建筑模型是指用于工业生产的各类建筑模型,主要包括生产车间模型、动力用房模型、仓储建筑模型等。工业建筑模型分为静态模型和动态模型。反映工业区各个建筑空间相对位置的模型是静态模型。动态模型可以展示主要工业部件的运作关系。

三、按模型体量分类

建筑模型按照体量分为微缩模型和足尺模型两大类。

1. 微缩模型

微缩模型是按照一定的比例缩小真实建筑,比例尺可以根据模型底座规格设定,比如 1∶20、1∶50、1∶80、1∶100、1∶150 等,如图 1-23 所示。

图 1-23　微缩模型　（作者:褚金媛、张莹、曹兴程、陈博文　指导教师:黄信）

2. 足尺模型

足尺模型是按照 1 ：1 的比例制作的模型,它的尺寸与真实建筑一样。足尺模型多见于房地产开发楼盘中的样品房、展示空间设计、家具制作和特殊要求的模型设计中,如图 1-24 和图 1-25 所示。

图 1-24　凉亭模型　(作者:张欢、赵坤、宋思思、凌之路　指导教师:张凌)

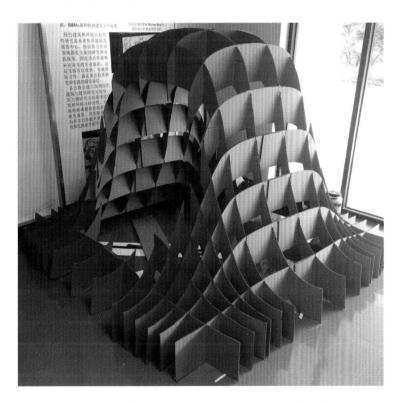

图 1-25　户外帐篷模型　(深圳大学建筑与城市规划学院学生作品)

 ▌思考题▐......

1.名词解释：建筑模型。

2.简述我国建筑模型的发展历程。

3.简述建筑模型的作用。

4.简述未来建筑模型的发展趋势，论点明确，论据充分。

5.根据建筑模型的分类情况，思考各类建筑模型的特点和区别。

Jianzhu Moxing Zhizuo Jiaocheng

第 2 章
建筑模型的制作材料与工具

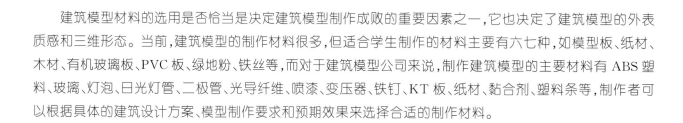

2.1
建筑模型的制作材料

建筑模型材料的选用是否恰当是决定建筑模型制作成败的重要因素之一，它也决定了建筑模型的外表质感和三维形态。当前，建筑模型的制作材料很多，但适合学生制作的材料主要有六七种，如模型板、纸材、木材、有机玻璃板、PVC 板、绿地粉、铁丝等，而对于建筑模型公司来说，制作建筑模型的主要材料有 ABS 塑料、玻璃、灯泡、日光灯管、二极管、光导纤维、喷漆、变压器、铁钉、KT 板、纸材、黏合剂、塑料条等，制作者可以根据具体的建筑设计方案、模型制作要求和预期效果来选择合适的制作材料。

一、模型板

模型板表面是白色的，价格低廉，厚度在 3～5 mm 之间，材质挺括易加工，是学生青睐的建筑模型材料。大面积模型板可用于墙体模型材料，也可以将模型板裁切为小矩形，作为步道。模型板表面可以喷漆或者粘贴底纹纸或色卡纸，表现建筑的真实色彩。（如图 2-1 和图 2-2 所示）

图 2-1　模型板

图 2-2　以模型板为主材的建筑模型
（作者：徐群、聂云、李颖）

二、纸材

1. 纸材的分类

纸材分为白卡纸、瓦楞纸、波纹纸、墙纸、水彩纸、牛皮纸、塑泡纸、即时贴贴纸等。

白卡纸由于材质挺括、表面平滑，是建筑模型主体的最佳用材。

瓦楞纸（见图 2-3）主要用于建筑模型屋顶的制作，根据不同的建筑主体色彩，搭配色彩合适的瓦楞纸作为建筑屋顶,可以达到独特的效果。如图2-4所示是一个海边欧式别墅建筑模型,它的屋顶运用淡黄色瓦楞纸制作。

图2-3　瓦楞纸

图2-4　用瓦楞纸制作的建筑模型屋顶

（作者:张洋、黄琴、芦智　指导教师:黄信）

波纹纸的表面有水波纹理,适合制作小水池、河水等模型,如图2-5所示。

即时贴贴纸主要用于建筑模型的墙面装饰,如图2-6所示。

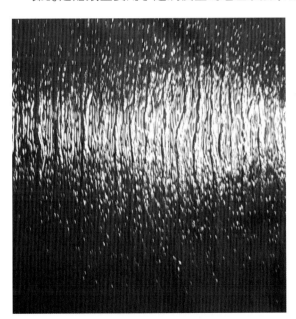

图2-5　波纹纸

图2-6　用即时贴贴纸装饰墙面

2.纸材的特点

纸材的特点有如下几个方面:纸材的可塑性较高,可以通过剪裁、折叠,改变纸材原有的形状;通过褶皱纸材可以产生不同的肌理;通过喷漆或者涂抹颜料的方式渲染和改变纸材表面固有色,使纸材表面形成设计所需的色彩,如图2-7所示。

图 2-7　丙烯颜料涂抹后的建筑墙面效果　（作者：赵妍、周捷、刘琴　指导教师：黄信）

三、木材

1. 木材的分类

木材是建筑模型制作中的基本材料。木材根据形态特点可以分为木板、木条、木片、木块等。木材的形态决定了其在建筑模型制作中的用途。

如图 2-8 所示：六个薄木板围合成一个六面体，用大头钉固定，作为休息亭模型底座；四根木条作为四根"柱子"分立在底座四个角，"柱子"支撑起亭子的顶盖；顶盖采用四角攒尖屋顶，四根脊檩和檐椽分别采用粗木条和细木条加工制作。

木片可以作为建筑模型细部装饰和室外景观设施模型用材，如图 2-9 所示。

图 2-8　休息亭建筑模型
（作者：王晨、金雯婷、刘天笑）

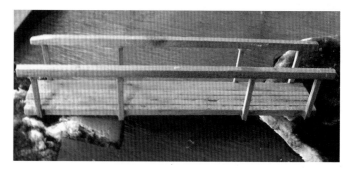

图 2-9　木制窄桥模型

2. 木材的特点

木材与纸材相比加工制作难度大、硬度较高，但木材以其特有的纹理极具亲和力，装饰性强，且易受环境湿度影响而变形。建筑模型制作中常用的木材有椴木、云杉、朴木等，如图 2-10 和图 2-11 所示。

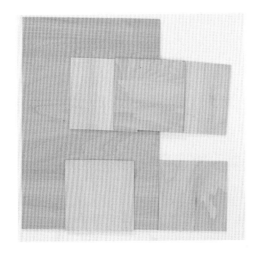

图 2-10　椴木板

图 2-11　激光切割椴木板

四、ABS 塑料

ABS 塑料分为 ABS 板材和 ABS 棒材。ABS 板材是目前建筑模型公司普遍采用的建筑模型原材料，该材料为瓷白色，厚度 0.5～5 mm，是当今流行的手工及电脑雕刻加工材料。它的特点是适用范围广，材质挺括，细腻易加工，着色力、可塑性强。如图 2-12 和图 2-13 所示的建筑模型主体材料为 ABS 板材。ABS 棒材分为 ABS 圆形棒材和 ABS 方形棒材。

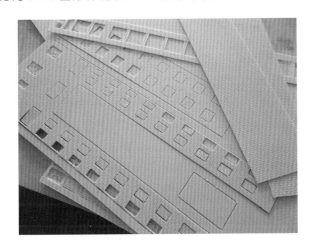

图 2-12　用 ABS 板作主材的建筑构件

图 2-13　用 ABS 板作主材的建筑模型

五、泡沫

泡沫是由不溶性气体分散在液体或熔融固体中所形成的分散物质。泡沫可分为泡沫块、泡沫板和泡沫粉。在建筑模型制作中运用最多的当属泡沫块和泡沫板。泡沫块可以运用锉、捏、黏合的方式做成各种形态，如山峦。泡沫板（见图2-14）可以作为建筑模型的底座，有时候泡沫板表面不光滑，可以在泡沫板表面用纸张进行装裱。

六、有机板

有机板分为有色有机板和透明有机板，材质挺括，视觉效果好，厚度在1.5～5 mm，厚度不同用法也不同，例如1.5 mm厚的有机板可用于窗户玻璃模型制作，如图2-15所示；5 mm厚的有机板可作为墙面模型材料。

图 2-14　泡沫板

图 2-15　蓝色有机板制作的窗户玻璃模型

（指导教师：黄信）

七、金属

金属可以作为建筑模型材料，比如细铁丝、薄铁皮、铝板材等，如图2-16至图2-18所示，可以通过弯曲、切割、组合等将它们制成各种形态。例如若干根细铁丝可以做成树干、树枝模型。

图 2-16　细铁丝

图 2-17　薄铁皮

八、建筑配景型材

建筑配景型材是根据不同比例和造型,将原材料加工成各种建筑周围环境元素的材料。常用的建筑配景模型成品有树木、绿篱等,如图 2-19 所示。

图 2-18　铝板材

图 2-19　建筑配景模型成品

九、照明耗材

建筑模型的主体部分完成后,还可以在模型内部安装照明耗材,使模型可以实现夜景效果。照明耗材主要有二极管、白炽灯管、灯泡、插线板等,如图 2-20 至图 2-23 所示。

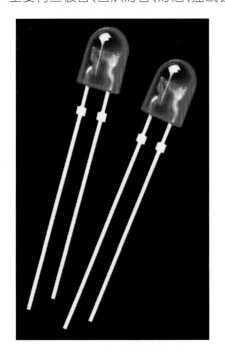

图 2-20　二极管

图 2-21　白炽灯管

图 2-22　灯泡

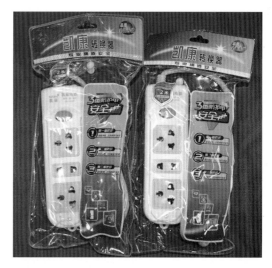

图 2-23　插线板

十、其他材料

建筑模型的制作材料除以上介绍的材料外，还有油泥（见图 2-24）、密度板（见图 2-25）、草地粉（见图 2-26）、废弃物（见图 2-27）等。

图 2-24　油泥

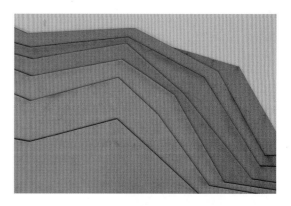

图 2-25　密度板

图 2-26　草地粉

图 2-27　废弃的布料和纸张

2.2
建筑模型的制作工具

常用的建筑模型制作工具分为绘图工具、切割工具、粘贴工具和打磨表现工具。

一、绘图工具

绘图工具主要用于建筑模型图纸绘制阶段,主要有铅笔、橡皮、丁字尺、三角板、建筑模板、分规、塑料尺、钢尺、比例尺、曲线板等,如图 2-28 至图 2-32 所示。

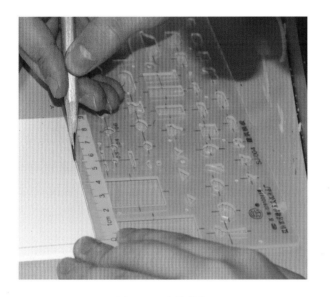

图 2-28　建筑模板

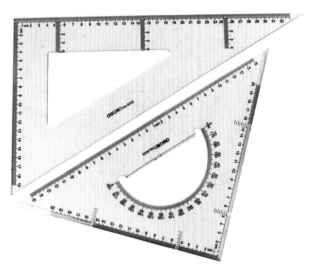

图 2-29　三角板

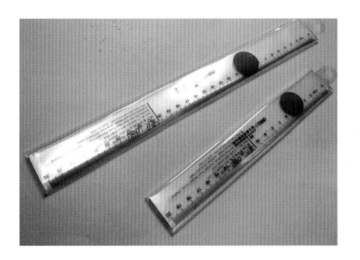

图 2-30　塑料尺

图 2-31　钢尺

图 2-32　比例尺

工具使用说明：

丁字尺在绘制图纸时配合绘图板使用，可结合三角板绘制特殊角度的斜线。一套三角板可绘制 15 度的整倍数的角、水平线和垂直线。建筑模板用于绘制各种大小和不同比例的图形或家具平面。钢尺和塑料尺用于绘制直线，度量线段的长度。比例尺用于绘制建筑图纸，比例尺＝图上尺寸/实际尺寸。

二、切割工具

切割工具是建筑模型制作最基本的工具，分为手工切割工具和电动切割工具两大类。手工切割工具主要有裁纸刀、木刻刀、钩刀、手锯、铁锯、锉子、钳子、锤子等，如图 2-33 至图 2-40 所示。电动切割工具主要有激光雕刻机、机械雕刻机、电动射钉枪、电动曲线锯、台钻、台虎钳、空压机等，如图 2-41 至图 2-47 所示。

工具使用说明：

裁纸刀主要用于切割各种纸材，如卡纸、底纹纸、即时贴贴纸等。木刻刀用于木材的雕刻。钩刀主要用于切割各种塑料板材。手锯和铁锯主要用于切割木材、塑料和金属等材料。锉子、钳子和锤子是切割辅助工具。激光雕刻机、机械雕刻机、电动射钉枪、电动曲线锯是电动切割工具。台钻即台式钻床，可以加工木材、高密度板等材料。台虎钳是切割辅助工具，空压机是气枪、射钉枪的驱动设备。

图 2-33　裁纸刀　　　　　　　图 2-34　木刻刀

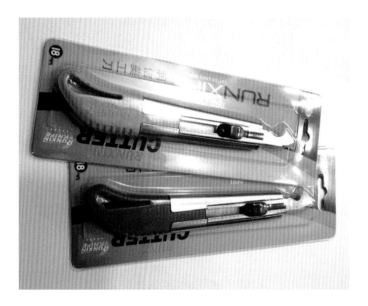

图 2-35　钩刀

图 2-36　手锯

图 2-37　铁锯

图 2-38　锉子

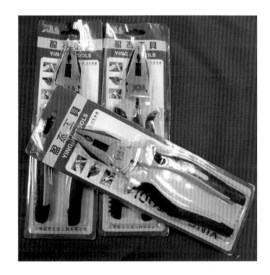

图 2-39　钳子

图 2-40　锤子

图 2-41　激光雕刻机

图 2-42　机械雕刻机

图 2-43　电动射钉枪

图 2-44　电动曲线锯

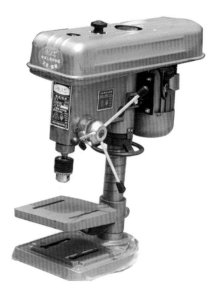

图 2-45　台钻

图 2-46　台虎钳

图 2-47　空压机

三、粘贴工具

粘贴工具主要是指各种黏合剂,常用的黏合剂有 502 胶、UHU 胶、白乳胶、高性能结构 AB 胶、双面胶、透明胶等,如图 2-48 至图 2-53 所示。

工具使用说明:

502 胶使用方便,瞬间黏结,在建筑模型加工中主要用于黏结塑料、橡胶、木材等材料。白乳胶是一种水溶性黏合剂,在建筑模型加工中主要用于黏结塑料、橡胶、木材等材料。UHU 胶在建筑模型加工中主要用于黏结木头、纸、塑料、纺织物、皮革、玻璃、金属、橡胶等材料。高性能结构 AB 胶可以黏结 ABS、PVC、有机玻璃、陶瓷、木材等同种或异种材料。透明胶和双面胶主要用于黏结纸材、木材等材料。

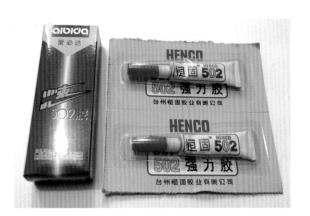

图 2-48　502 胶

图 2-49　UHU 胶

图 2-50　白乳胶

图 2-51　高性能结构 AB 胶

图 2-52　双面胶

图 2-53　透明胶

四、打磨表现工具

打磨表现工具主要是指各种砂纸、颜料、喷漆等,如图 2-54 至图 2-57 所示。材料表面经过砂纸打磨后更加光滑。颜料和喷漆主要用于建筑模型墙面的涂刷,在选择颜色时要注意建筑模型各部件的色彩搭配,同时满足委托方对建筑模型色彩的要求。

图 2-54 砂纸

图 2-55 丙烯颜料

图 2-56 喷漆

图 2-57 丙烯颜料涂刷后的咖啡厅建筑模型

(作者:赵妍、周捷、刘琴 指导教师:黄信)

优秀的建筑模型作品和常用的建筑模型工具与材料可放在陈列柜里，如图 2-58 所示。

图 2-58　建筑模型陈列柜

≫→｜本章重点｜........

　　根据本章内容，学会辨别各种建筑模型的制作材料和工具，理解建筑模型各种材料的特点，初步认识各种材料和工具的作用。

≫→｜思考题｜........

　　考察文具用品商店，认识各种建筑模型制作材料与工具，归纳其特性与用途。

Jianzhu Moxing Zhizuo Jiaocheng

第3章
项目式教学实践

　　模型制作课采用项目式教学是课程特色的表现,随着高校实验室的不断建设,运用电脑数控技术制作模型成为趋势,电脑数控技术可以对所需制作的图形进行精密处理,相对于手工制作模型而言,电脑数控技术在雕刻上更加精准,同时节省了大量的雕刻时间,提高了效率。本章内容分为六个小节,既有电脑数控雕刻实例,也有手工雕刻实例,供大家参考。

3.1
项目式教学实践 1——图案雕刻

　　图案设计与应用是建筑设计中最常见的,下面我们介绍装饰图案和绘画作品的雕刻实例。建筑模型的装饰设计和文创设计可以借鉴图案雕刻的方法。

一、装饰图案雕刻实例解析

　　步骤 1:打开 CorelDRAW 软件,绘制装饰图案,如图 3-1 所示。

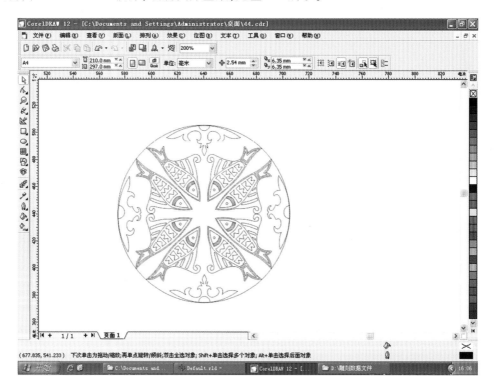

图 3-1　装饰图案的绘制

　　步骤 2:图案绘制完成后,将文件导出。点击菜单栏文件—导出,将文件进行命名,导出文件为 PLT 格式,如图 3-2 所示。

　　步骤 3:打开雕刻软件 RDWorks V8,出现软件界面,界面最上方是标题栏,标题栏下方是菜单栏,最左侧是工具条,中间的网格区是绘图区,绘图区右侧是参数设置区和图形加工区,如图 3-3 所示。

图 3-2　文件的导出

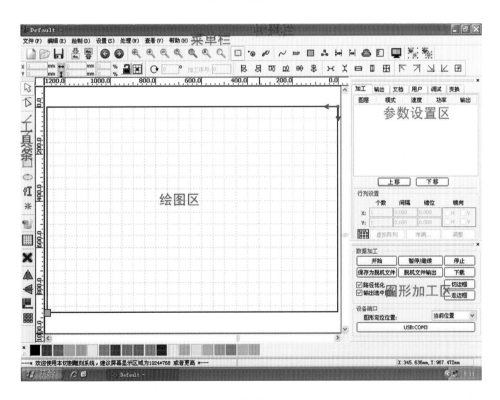

图 3-3　雕刻软件的初始界面

步骤 4：将需要雕刻的文件导入雕刻软件中，在参数设置区会出现文件的图层信息，如图 3-4 所示。

步骤 5：双击参数设置区的"激光切割"，弹出图层参数面板，将速度设置为 80 mm/s，功率设置为 20％，如图 3-5 所示。

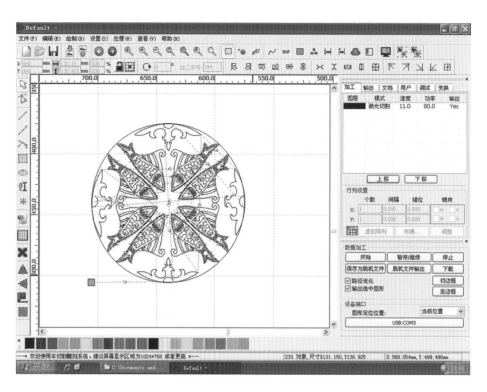

图 3-4　导入装饰图案

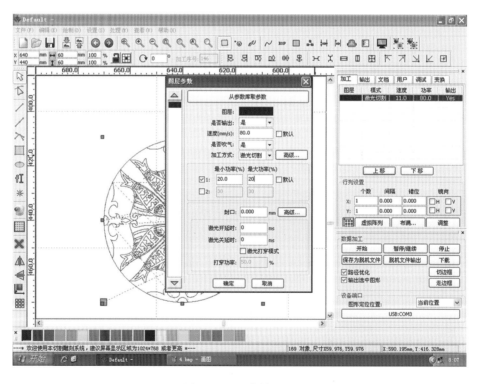

图 3-5　图层参数设置

　　步骤 6：将厚度为 3 mm 的椴木板放入雕刻机的操作区内，移动激光头到材料的左下角，图 3-6 所示；点击软件界面图形加工区内的"走边框"，如图 3-7 所示，此时激光头会沿着电脑识别的工作路径移动，如果移动的区域为雕刻的区域，材料应在整个雕刻区域内。

图 3-6 移动激光头到材料的左下角

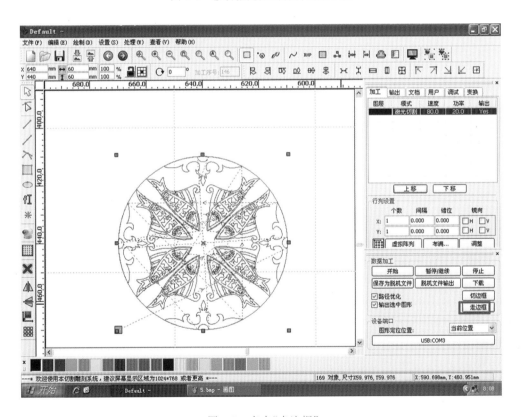

图 3-7 点击"走边框"

步骤 7:点击数据加工面板中的"开始"按钮进行雕刻,如图 3-8 所示。

步骤 8:将文件中圆形内的图案删除,保留圆形,点击"切边框",如图 3-9 所示;完成图案雕刻,如图 3-10 所示。

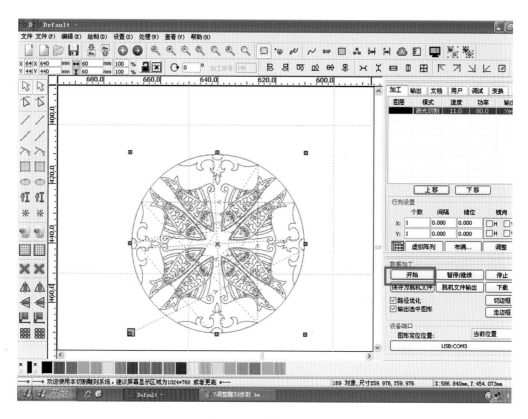

图 3-8　点击"开始"

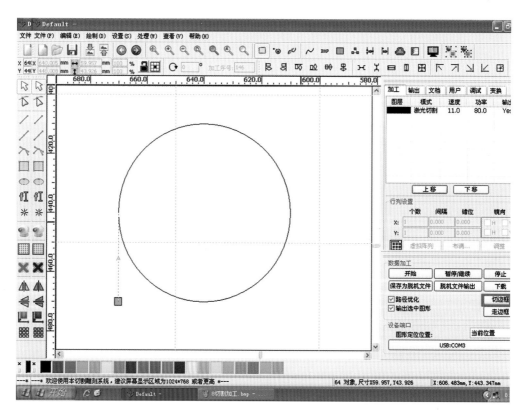

图 3-9　点击"切边框"

运用相似的方式,陈思帆小组的其他图案雕刻作品如图 3-11 和图 3-12 所示。

图 3-10　完成的雕刻作品　(作者:陈思帆、张千、路中义、
　　　　胡婉莹　指导教师:栾黎荔)

图 3-11　雕刻作品一　(作者:陈思帆、张千、路中义、
　　　　胡婉莹　指导教师:栾黎荔)

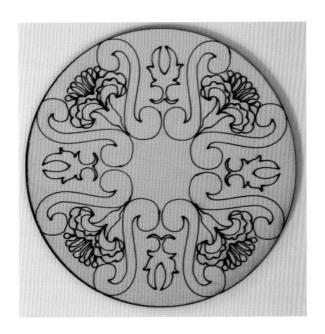

图 3-12　雕刻作品二　(作者:陈思帆、张千、路中义、
　　　　胡婉莹　指导教师:栾黎荔)

　　当雕刻 5 mm 椴木板时,雕刻图案的边缘难免被材料的粉尘所染,此时可以用砂纸将图案轻轻打磨一下,图案会更加清晰,如图 1-13 所示。

　　该组同学将设计的图案利用椴木板分别雕刻出直径为 100 mm 和 60 mm 的圆形底托,将图案配上文字,设计了一组书签,如图 3-14 所示。

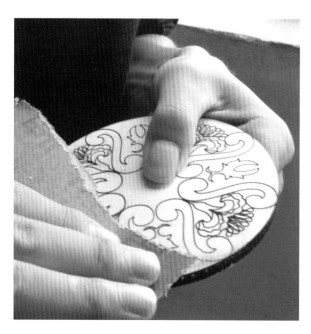

图 3-13　打磨图案

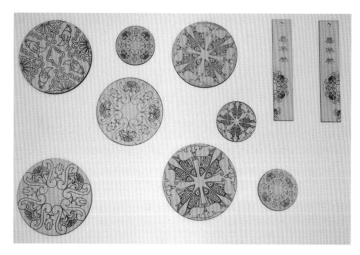

图 3-14　雕刻作品制作的书签 （作者:陈思帆、张千、路中义、胡婉莹　指导教师:栾黎荔）

二、绘画作品雕刻实例解析

　　绘画作品在日常生活中屡见不鲜,我们可以将作品拍照后利用激光雕刻机扫描进行雕刻,也可以在矢量图软件中进行绘制。

　　步骤1:在 CorlDRAW 软件中绘制绘画作品,或将绘画作品文件导入软件中,进行描边,如图 3-15 所示。

　　步骤2:将文件导出为 PLT 格式,并对文件进行重命名,再将文件导入雕刻软件中,如图 3-16 所示。

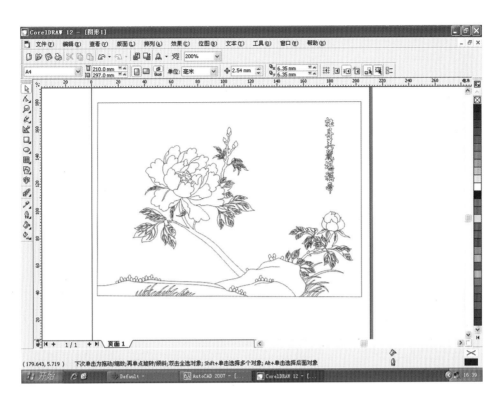

图 3-15　作品的绘制

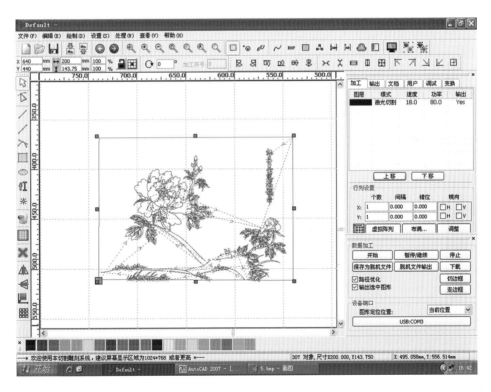

图 3-16　绘画作品的导入

步骤 3：将绘画作品的长度调整为 300 mm，此时宽度也会随之更改，如图 3-17 所示。

步骤 4：将图层参数中的雕刻速度调整为 80 mm/s，功率调整为 40％进行雕刻，如图 3-18 所示。

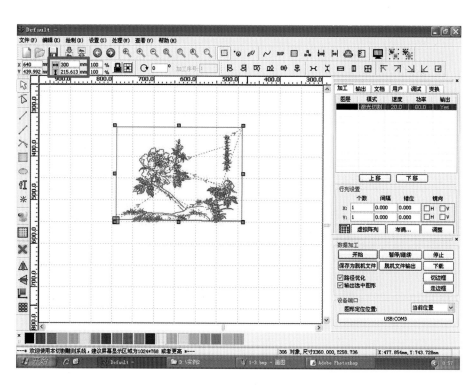

图 3-17   调整绘画作品的长度与宽度

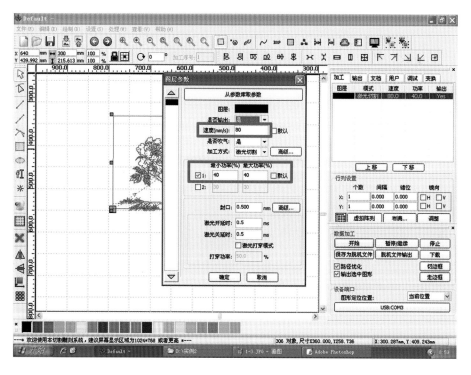

图 3-18   设置雕刻参数

步骤 5 :将密度板放在雕刻机工作区内,确定材料雕刻的起点,将图层参数中走边框的速度调整为 100 mm/s,点击确定,激光头的移动范围即为雕刻的区域,如图 3-19 所示。

步骤 6 :雕刻区域确认无误后,点击数据加工面板中的"开始"按钮,如图 3-20 所示。

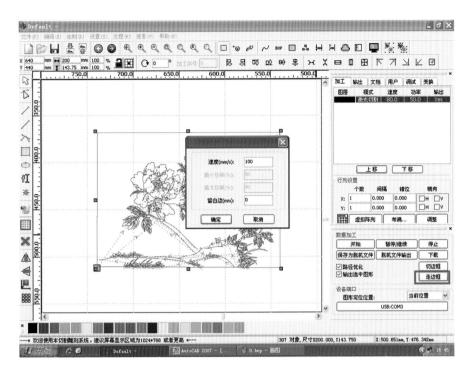

图 3-19　走边框的参数设置

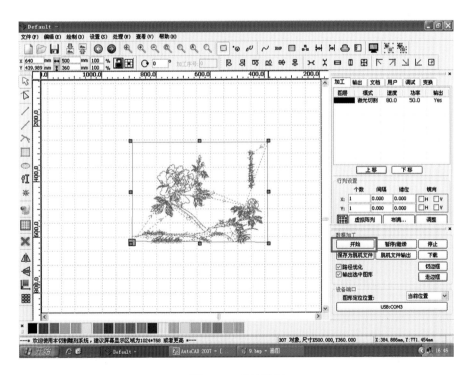

图 3-20　开始雕刻

步骤 7：雕刻绘画作品的边框，首先删除矩形画框内的图形，然后将雕刻参数调整为速度 20 mm/s，功率 80%，进行雕刻，如图 3-21 所示。

步骤 8：完成雕刻，如图 3-22 所示。

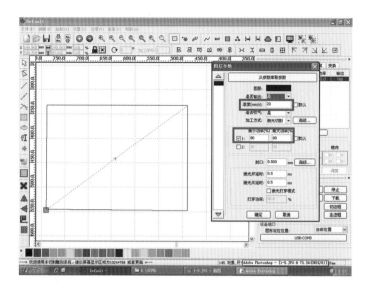

图 3-21　雕刻作品的边框

图 3-22　雕刻作品的局部

3.2
项目式教学实践 2——坡屋顶建筑模型制作

模型制作小组人数：2 人。

模型制作工具：剪刀、直尺、502 胶、双面胶、白乳胶、透明胶、小刀等。

模型制作材料：透明有机板、波纹纸、木材、LED 灯、电线、PVC 板、KT 板、草皮、植物、石材等。

步骤 1：用 SketchUp 软件绘制建筑三维模型。

在数字化虚拟建筑模型技术日益成熟的今天，制作三维实体模型时，我们不妨运用先进的三维软件辅助设计。三维软件有许多，例如 3DMAX、SketchUp 草图大师、MAYA 等。其中 SketchUp 草图大师受到了许多建筑师和设计师的青睐，因为该软件简便易学，制作建筑模型快捷、实用、高效，也是笔者推荐的一款制作建筑实体模型时辅助构思的工具。

制作者可以运用 SketchUp 软件绘制出建筑虚拟模型，也可以直接选用 SketchUp 建筑模型图库里的建筑模型，从各个视角观察建筑形象，并且导出建筑的透视图、各个立面图、顶视图，如图 3-23 至图 3-28 所示。点击菜单栏中文件—导出—图像命令，文件格式选择 JPG 格式，设置文件导出路径和文件名，导出文件。

图 3-23　建筑正立面图

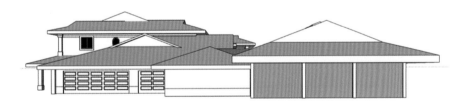

图 3-24　建筑背立面图

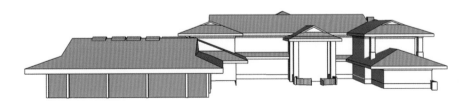

图 3-25　建筑侧立面图一

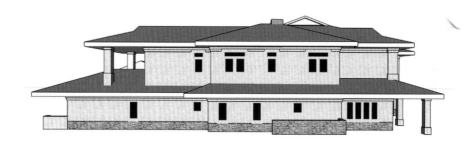

图 3-26　建筑侧立面图二

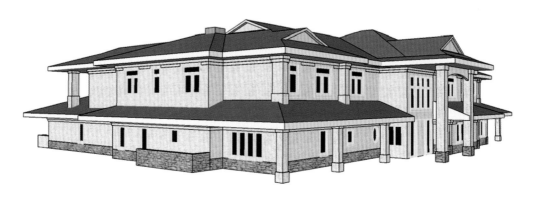

图 3-27　建筑侧立面图三

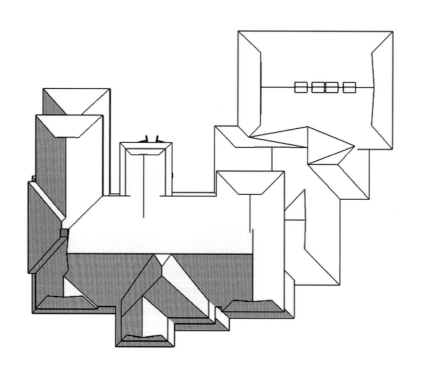

图 3-28　建筑顶视图

步骤 2：确定建筑各个部件的尺寸，在 Auto CAD 软件中绘制出建筑部件的分解图形。

Auto CAD 是建筑设计、室内设计中的常用软件，是建筑学及环境艺术设计专业学生必须掌握的设计软件之一。在建筑模型制作中我们可以运用该软件辅助设计。

制作者将导出的 JPG 文件图纸打印出来，在图纸上用铅笔标注建筑模型各个界面、构件的实际尺寸，比如该建筑模型层高 360 mm、窗台高 90 mm 等。以此类推,将建筑模型各个构件、界面的尺寸全部标注出来。

接着,制作者在 Auto CAD 软件中绘制出建筑模型各个构件、界面的分解图形,图形尺寸为实际尺寸,如图 3-29 所示,这是电脑雕刻所需要的图形文件。

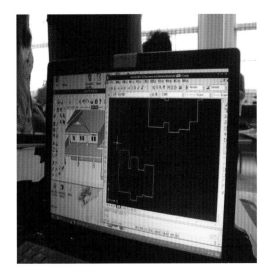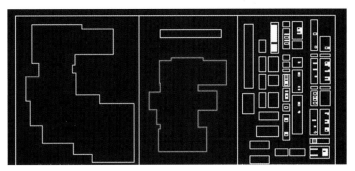

图 3-29　绘制建筑模型构件和界面

提示:

如果不采用电脑雕刻模型,制作者可在图纸上标注建筑部件的实际尺寸后购买材料,在材料上绘制出各个墙面和其他建筑模型构件图形,注意图形尺寸和比例,然后进行切割加工。

步骤 3:雕刻建筑模型的界面。

将电脑连接雕刻机,将绘制好的图形文件转化为雕刻文件格式,调整图形尺寸,然后把 PVC 板放入雕刻机内进行雕刻,雕刻出的模型各个部件如图 3-30 所示。

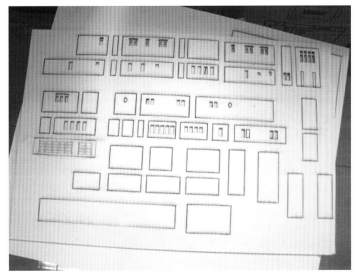

图 3-30　模型部件

提示：

制作者手工切割出的建筑模型部件应尽量与雕刻机切割出的图形大小、形状一致。

步骤 4：将墙体拼装粘贴好，用透明有机板制作玻璃，如图 3-31 所示。

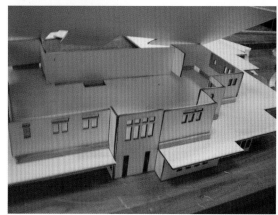

图 3-31　各部件拼装粘贴

步骤 5：制作屋檐，用粗木条作为内部支撑构件，如图 3-32 至图 3-34 所示。

图 3-32　按照屋顶形状和尺寸切割瓦楞纸

图 3-33　一层屋檐的制作

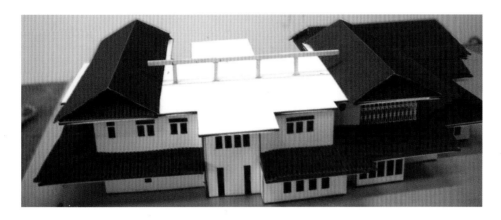

图 3-34　二层屋顶支撑构件

步骤 6：在建筑模型内部安装 LED 灯，制作夜景效果，如图 3-35 所示。

图 3-35　在建筑模型内部安装电线和 LED 灯

步骤 7：将模型粘贴到底座上，制作建筑外环境，如图 3-36 和图 3-37 所示。

Jianzhu Moxing Zhizuo Jiaocheng（Di-san Ban）

图 3-36　建筑模型外环境局部

图 3-37　建筑模型完成图　（作者：李雨蓉、江皓　指导教师：黄信）

3.3
项目式教学实践 3——茶室建筑模型制作

一、茶室建筑模型制作

模型制作小组人数：2 人。

模型制作材料：白卡纸、UHU 胶、模型胶、美工刀、三角板、丁字尺、草图纸、铅笔等。

图纸分析:建筑由入口接待空间、餐饮办公空间、室外空间共三个部分组成,由于每个空间的界面设计不相同,因此制作小组决定逐一制作每个空间模型,最后粘贴在一起。

模型制作过程:

第一部分:制作入口接待空间模型

步骤 1:准备制作工具,测量建筑图纸尺寸,如图 3-38 和图 3-39 所示。

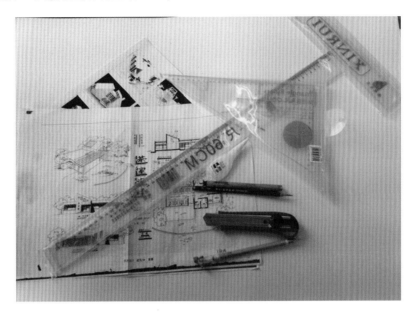

图 3-38　准备制作工具

图 3-39　测量图纸尺寸

步骤 2:根据图纸尺寸换算出模型尺寸,在白卡纸上将模型图样画出来;模型图样中的门窗洞口可以用美工刀裁切出来,如图 3-40 所示。

步骤 3:采用步骤 2 的方法,将建筑入口的模型图样制作完成,用 UHU 胶将入口空间的界面黏结起来,完成茶室入口接待空间的模型制作,如图 3-41 所示。

图 3-40　裁切屋顶天窗模型

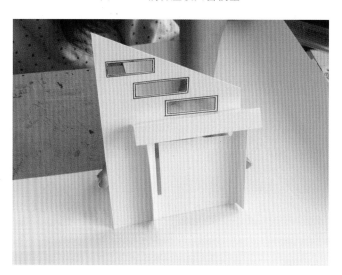

图 3-41　茶室入口接待空间模型

第二部分：制作餐饮办公空间模型

步骤 4：根据步骤 2 的方法，将餐饮空间的界面绘制出来，并用美工刀裁切出窗洞，如图 3-42 所示。

步骤 5：依照图纸，将餐饮空间的界面黏结围合在一起，形成封闭的空间，然后和建筑入口接待空间模型黏结在一起，如图 3-43 所示。

步骤 6：参照步骤 4 和步骤 5 的方法，将建筑的办公空间界面制作出来，围合成封闭的空间，和其他空间模型组合起来，如图 3-44 所示。

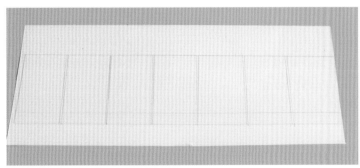

图 3-42　餐饮空间的界面模型制作

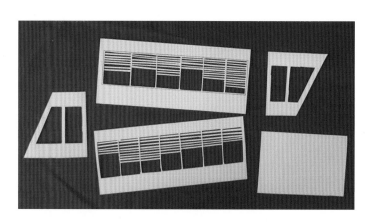

续图 3-42

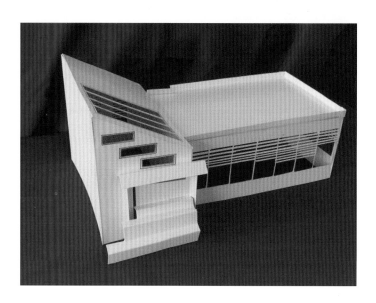

图 3-43　餐饮空间和接待空间组合的模型效果

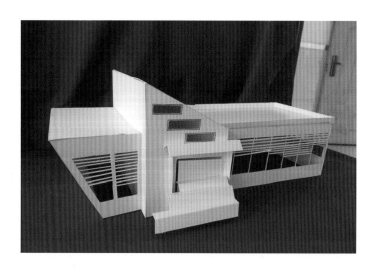

图 3-44　建筑主体部分模型效果

第三部分：制作室外空间模型

步骤 7：根据图纸将白卡纸剪切、折叠、黏结成室外连廊，如图 3-45 所示。

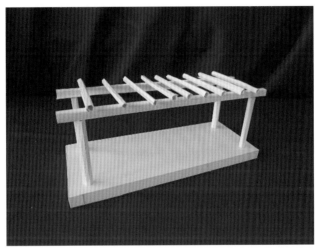

图 3-45　室外连廊模型

步骤 8：将各部分模型黏结整理后，完成茶室建筑模型的制作，如图 3-46 所示。

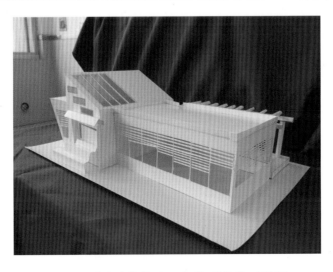

图 3-46　茶室建筑模型　（作者：廖筱月、王颖娟）

如图 3-47 所示是另一组学生完成的茶室建筑模型。

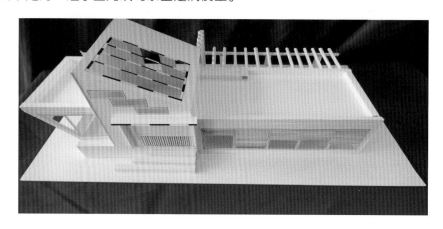

图 3-47　茶室建筑模型　（作者：方安吉、杜雅君　指导教师：黄信）

二、茶室建筑模型赏析

建筑模型的主材可以采用多种纸材，其中有白板纸、瓦楞纸、墙纸和底纹纸。白板纸较厚，是制作建筑墙面模型较好的材料，起到围合建筑空间的作用；瓦楞纸作为屋顶材料；墙纸和底纹纸粘贴在白板纸上，起到装饰作用。模型辅材主要包括各种成品型材，其中有树木、绿化带、仿真草皮等。

如图 3-48 所示：这件模型作品采用卡纸、底纹纸制作，卡纸以其硬度高、材质挺括而受到模型制作者的青睐，底纹纸装饰性强，模型的色彩搭配比较柔和。

如图 3-49 所示：这件模型作品以卡纸为主，配以 PVC 棒材制作，整个模型以白色为主色调，对窗框进行装饰，整件作品显得十分精致。

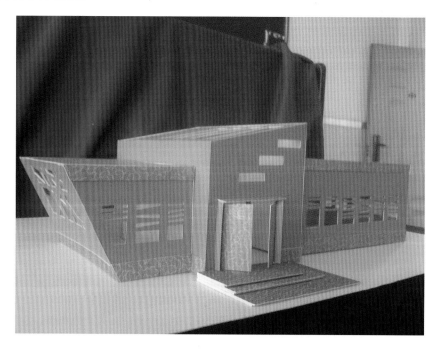

图 3-48　卡纸建筑模型效果　（作者：冯智、胡浩、罗振发　指导教师：黄信）

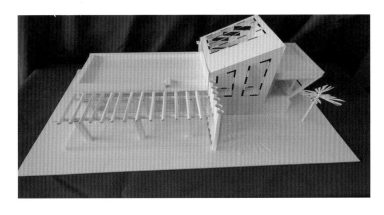

图 3-49　卡纸建筑模型效果　（作者:方安吉、杜雅君　指导教师:黄信）

3.4
项目式教学实践 4——咖啡厅室内空间模型制作

模型制作成员:3 人(周梦琪　郑雨童　李清莲)

模型制作材料:泡沫板、模型板、UHU 胶、三角板、薄木板、双面胶、剪刀、白色印刷纸、PVC 棒材、砂纸、小刀、铅笔等。

模型底座参考尺寸:500 mm×600 mm

图纸分析:该咖啡厅由散席区、包间区、厨房、储藏间、收银区等功能空间组成,在模型制作过程中,分为底座的制作、空间围护结构的制作及室内家具、陈设、界面装饰模型制作三个阶段。

步骤 1:确定展示空间制作选题,收集图纸资料,准备模型制作工具与材料,如图 3-50 所示。

图 3-50　准备工具与材料

　　该组同学经过商量与讨论,确定展示空间制作的内容——咖啡厅室内空间。他们在图书馆和网上收集了咖啡厅空间的图纸资料,经过再次讨论,筛选出最终模型制作的图纸方案。

　　步骤 2:泡沫底板的装饰,如图 3-51 所示。

图 3-51　装饰泡沫底板

　　按照要求购买泡沫板,切成 500 mm×600 mm 的尺寸。考虑到泡沫板表面比较粗糙,学生用白色印刷纸进行装饰。

　　步骤 3:包间区的墙体模型制作。

　　首先根据图纸的尺寸和商业空间室内层高设计的相关规定,按照一定比例计算墙体模型尺寸,墙体模型使用模型板制作。然后裁切出矩形墙体形态,在墙体模型上切割出窗户造型,墙体模型外表面采用底纹纸或贴纸装饰,如图 3-52 和图 3-53 所示。

图 3-52　墙体模型的切割

图 3-53　窗户的切割

步骤 4：制作相片墙模型。

咖啡厅是一个休闲、放松、有情调的空间，打造一组相片墙可以提升咖啡厅的空间品位。首先在网上收集一些装饰画，然后打印成大小不一的图片，逐一剪切下来，再用 PVC 棒制作相框，错落有致地摆放以达到理想的效果，如图 3-54 所示。

图 3-54　制作相片墙模型

步骤 5：制作餐桌椅模型，如图 3-55 所示。

首先确定咖啡厅中餐桌面和椅面模型的形状与尺寸，在 Auto CAD 软件中绘制模型，运用激光雕刻机雕刻出模型图案，运用美工刀裁切出模型。

然后，用木条制作桌面的支撑构件，再用 PVC 棒材制作餐桌的桌脚。用剪刀在 PVC 板上剪切出一个个小圆形作为餐桌的脚垫。

图 3-55　制作餐桌椅模型

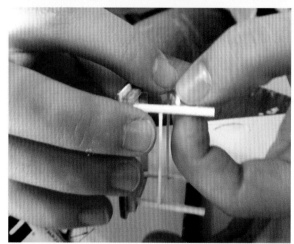
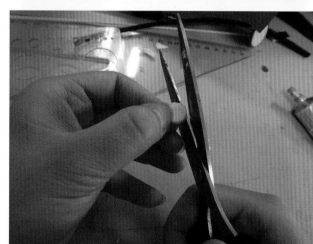

续图 3-55

最后，用黑色马克笔上色，将各个部分黏结在一起。按以上步骤，将其他餐桌椅制作出来。

步骤 6：装饰吧台区和收银区，如图 3-56 所示。

首先在 PVC 板上绘制出座椅形态与尺寸，切割并黏结好，再制作两个小抱枕进行装饰。然后装饰吧台家具表面，再用瓦楞纸装饰收银台外表面，用马克笔上色，使其与吧台色彩相匹配。

图 3-56　装饰吧台区和收银区

步骤 7：将模型其他空间的家具制作出来，将空间各部分的墙体、家具、装饰品组合在一起，调整完成咖啡厅室内空间模型，如图 3-57 所示。

图 3-57　咖啡厅室内空间模型

3.5
项目式教学实践 5——建筑小品模型制作

一、果皮箱模型制作

　　建筑小品在建筑外环境中经常见到,建筑小品一般指体形小、数量多、分布广、功能简单、造型别致,具有较强的装饰性,富有情趣的精美设施,可以分为服务类小品、装饰类小品、展示类小品、照明类小品。服务类小品如室外廊架、座椅等;装饰类小品如雕塑、背景墙等;展示类小品如导游牌、路标、指示牌等;照明类小品如草坪灯、广场灯、景观灯、庭院灯等。

　　以下通过果皮箱模型制作实例进行讲解:

　　模型制作人:周文扬。

　　模型制作材料:铅笔、三角板、墨线笔、模型板、UHU 胶、砂纸、小刀、丙烯颜料等。

　　步骤 1:设计并绘制果皮箱三视图和效果图,如图 3-58 所示。

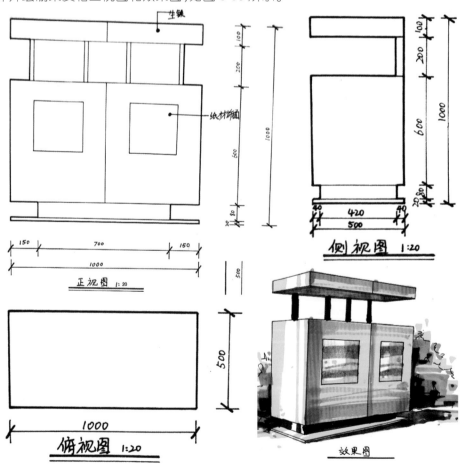

图 3-58　果皮箱设计图纸

步骤 2：根据果皮箱设计图纸计算模型制作的比例和尺寸，如图 3-59 所示；用美工刀和三角板裁切模型板，如图 3-60 所示。

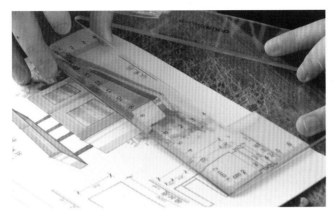

图 3-59　度量图纸尺寸

图 3-60　裁切模型板

步骤 3：根据果皮箱主体部分的结构，将各个界面用 UHU 胶黏合起来，如图 3-61 所示；制作出果皮箱的其他部件，如图 3-62 所示。

图 3-61　黏合果皮箱主体部分

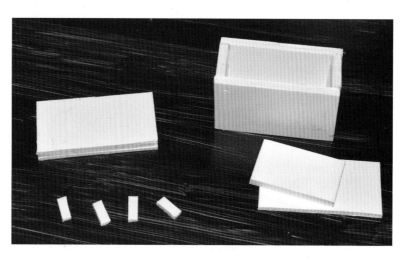

图 3-62　果皮箱各部件的模型

步骤 4：用丙烯颜料给果皮箱各部分上色并进行组装，最后在果皮箱正面标注图形与文字，如图 3-63 至图 3-65 所示。

图 3-63　上色

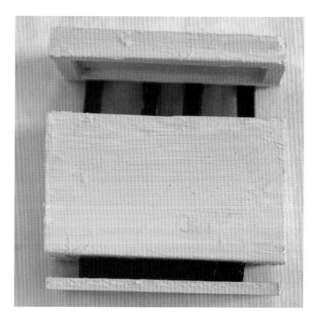

图 3-64　组装

二、建筑小品模型赏析

日常生活中，我们在公园内、休闲广场上、城市绿道上常常可以看到园椅，园椅主要起到休息、交流的作用。图 3-66 和图 3-67 是园椅模型。图 3-66 中的园椅采用木材制作，椅脚和椅背表面涂有丙烯颜料，造型上比较传统。图 3-67 中园椅的造型两端低、中间高，采用曲线和曲面设计，色彩上黑白相间。

图 3-68 是一个花架模型，采用木材制作，结构上用木条进行铆接。图 3-69 是一个凉亭模型，造型上比较简洁，背景墙上采用漏窗的造型设计，材料上采用模型板。

图 3-65　果皮箱模型

图 3-66　园椅模型　（作者:郑浙颖　指导教师:黄信）

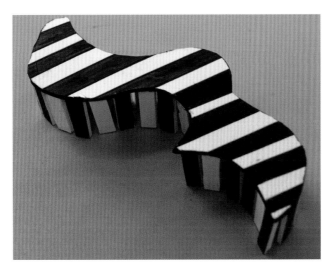

图 3-67　园椅模型

图 3-68　花架模型　（作者:张志英　指导教师:黄信）

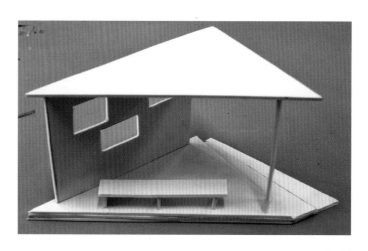

图 3-69　凉亭模型

3.6
项目式教学实践 6——建筑外环境模型制作

在建筑模型的表现中，为了营造一个较为真实的环境，制作者往往在建筑模型周围加上水体、道路、绿化、景观设施等元素，这些元素形成了建筑外环境。合理有序的建筑外环境可以进一步完善建筑方案的表达，增加视觉层次感。

一、模型底座制作

在制作建筑模型外环境之初，首先要确定模型底座的规格和材料。

1. 模型底座规格

在课堂教学中，教师一般会规定模型制作的底座规格或者模型制作比例，当已知建筑模型比例尺时，大家可以根据以下公式计算模型尺寸：模型尺寸＝实际尺寸/比例尺

例如某一建筑的实际高度为 4200 mm，模型制作的比例为 1:30，运用公式得出以下结果：

模型尺寸＝4200 mm/30＝140 mm，即建筑模型高度为 140 mm。

模型尺寸确定后，根据建筑外环境制作的繁简程度确定底座规格。如采用 Auto CAD 绘制建筑图纸，可根据要求将总平面绘制并打印出来，打印出的图纸幅面即为模型底座尺寸。

2. 模型底座材料

在建筑模型公司的沙盘模型中，底座主要由底托和附层组成。一般来说，底托根据使用材料可分为木质底托、发泡塑料底托、塑料底托、石膏底托、复合底托。附层是附着在底托上的涂层，是直接表现场景模型的地面部分。石膏是表现地面部分的首选附层材料。

目前市面上的模型底座材料有厚木板、厚纸板、KT 板、泡沫板、复合板、铝塑板、有机板、大芯板、夹板等。学生模型作品底座可选择泡沫板、木板、密度板和 KT 板。

1)泡沫板

在建筑模型实践课中,泡沫板是学生制作模型常用的材料,厚度 20～30 mm,泡沫板具有轻便、易加工、表面空隙率大等特点,选用它作为模型底座时,其表面需装裱底纹纸。聚苯乙烯泡沫板如图 3-70 所示。

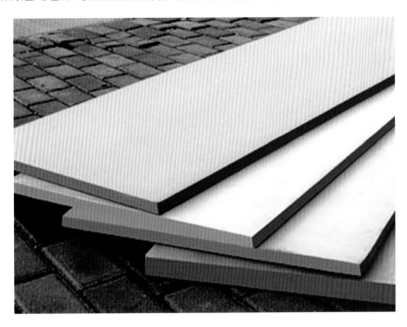

图 3-70　聚苯乙烯泡沫板

2)木板

木板因其具有自然的纹理和高硬度常常运用在模型制作中。木板既可以作为建筑模型的主材,也可以作为建筑模型的底座。由于木板硬度高,纯手工加工较困难,常常结合电锯、空压机、雕刻机进行加工。若采用木板作为底座,建议建筑模型部分也采用木板,使整件作品的整体感更强,如图 3-71 所示。

图 3-71　以木板为底座的概念模型　(深圳大学建筑与城市规划学院学生作品)

3)密度板

密度板是以木质纤维或其他植物纤维为原料,添加脲醛树脂或其他适用的黏合剂制成的人造板材。该材料表面平整、材质均匀。在建筑模型制作中,往往采用雕刻机切割或者雕刻密度板,雕刻时注意调整雕刻参数,激光雕刻机的激光头与密度板之间的垂直距离适当,确保密度板的雕刻达到理想的效果,如图 3-72 所示。

图 3-72 以密度板为底座的规划模型 （深圳大学建筑与城市规划学院学生作品）

4）KT 板

KT 板是一种由 PS 颗粒经过发泡生成板芯，经过表面覆膜压合而成的新型材料，板体挺括、轻盈、不易变质、易加工。用于建筑模型底座时，KT 板上的模型不宜过重，建议在制作纸材概念模型时可使用 KT 板作为底座，如图 3-73 所示。

图 3-73 以 KT 板为底座的建筑模型 （深圳大学建筑与城市规划学院学生作品）

二、水面模型制作

在建筑外环境设计中，戏水池、喷泉、湖面和海面的设计是十分常见的，它们不仅可以起到改善和调节小气候的作用，而且也是人们的休闲之所。在建筑外环境模型设计和制作时，水面模型设计与制作是必不可少的。

1. 戏水池制作

建筑模型的一侧往往配有戏水池,戏水池的造型有几何形和自由形,具体的面积及形态可参考建筑体量设计,图3-74中采用蓝色卡纸作为水面材料,在底纹纸上面铺设透明PVC胶板,形成水面效果。

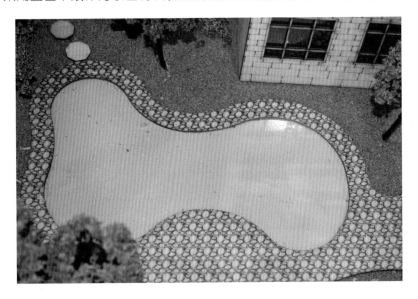

图 3-74　水面模型　（作者:熊怡、聂晶）

2. 喷泉制作

如图3-75所示是一个小型喷泉模型,采用棉花制作,将一小撮棉花揉成喷水的形态,突出反映水从喷水口喷出时的动态。

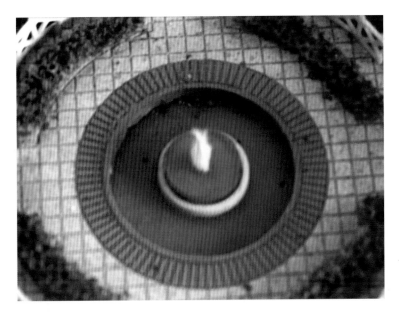

图 3-75　喷泉模型

3. 湖面制作

如图3-76所示:制作者用蓝色底纹纸制作水面区域,然后将波纹纸放在底纹纸上,再装饰一些小石子,在光影的映衬下湖面的效果便凸显出来了。

图 3-76　湖面模型　（作者：涂嘉、颜雪莹、陈思　指导教师：曹喆）

三、道路模型制作

在城市道路设计中，道路分为城市主干道、次干道、快速路、支路等；在居住区规划设计中，道路又分为居住区级道路、居住小区级道路、组团级道路、宅前小路等。虽然道路类型较多，道路因级别不同其宽度也不尽相同，但道路模型制作的材料和方法有章可循。道路模型如图 3-77 和图 3-78 所示。

图 3-77　主干道及其街景模型

图 3-78 在底座上制作主干道

四、户外设施模型制作

常见的户外设施有灯具和座椅,在模型制作时可以采用型材,根据适当的比例选用。如图 3-79 所示的户外景观灯,在夜景时效果明显。如图 3-80 所示是户外的沙滩躺椅模型,可以增添悠闲的度假气氛。

图 3-79 户外灯光夜景模型

图 3-80　沙滩躺椅模型　（作者:张冰梅、徐静姝　指导教师:张扬）

Jianzhu Moxing Zhizuo Jiaocheng

第 4 章
建筑模型作品欣赏

以下内容为学生习作和毕业设计模型制作案例，供大家在制作模型时参考。

4.1
学生建筑模型作品欣赏

图 4-1 是美国建筑师赖特设计的流水别墅的模型，模型主要采用模型板、底纹纸、波纹纸、色卡纸、小石子和各种成品型材制作。

图 4-2 是学生的毕业设计作品，采用单一色彩的表现形式，通过对云南梯田的形态分析，对"窑洞"这一形态设计元素的研究，加上"蜂巢"元素提炼设计出了该建筑形象，该模型主材为模型板。

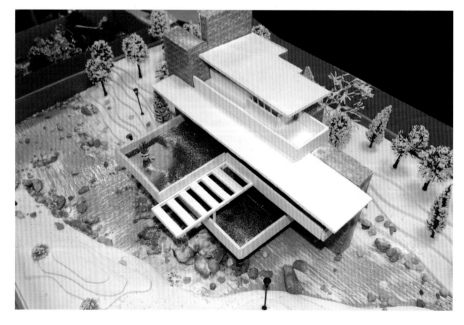

图 4-1　流水别墅模型　（作者：涂嘉、颜雪莹、陈思　指导教师：曹喆）

续图 4-1

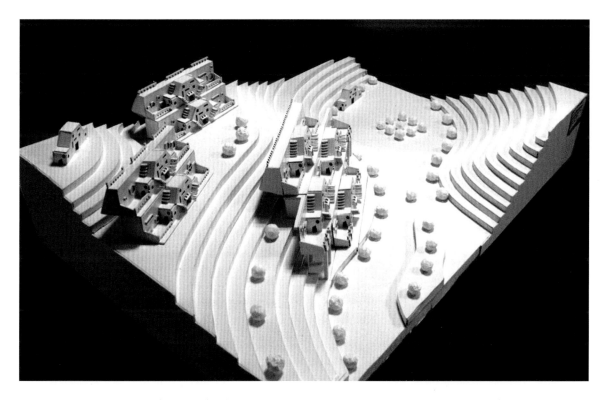

图 4-2　现代新农村建筑模型　（作者:马珍、骆欢、陈凤莲、王璟　指导教师:兰鹏）

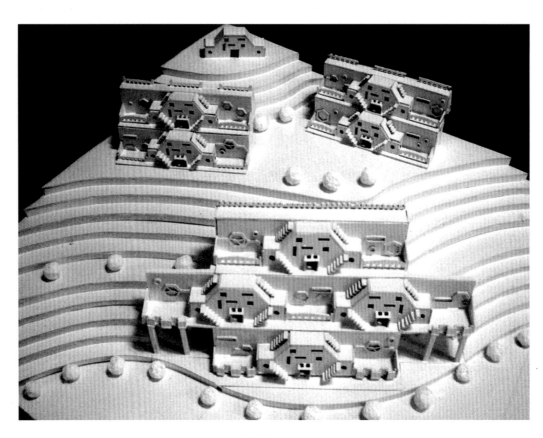

续图 4-2

　　图 4-3 是萨夫伊别墅模型,萨夫伊别墅是现代建筑大师勒·柯布西耶的建筑代表作,该模型整体性较强,色彩统一,采用模型板、绿地粉、树型材等制作。

图 4-3　萨夫伊别墅模型　（作者:刘洪桥、万博）

续图 4-3

图 4-4 中的建筑模型主要采用模型板、PVC 板、草地粉、树型材等制作。色彩搭配统一,比例适当。

图 4-4　教学楼建筑模型　(作者:黄月芬、曹宇、唐路、管青　指导教师:黄信)

　　图 4-5 中的建筑模型具有古典欧式风格,采用水平方向三段式对称构图,模型主要采用模型板、瓦楞纸制作。

图 4-5　建筑模型　（作者：田野、黄靖、张婧、李海默、熊瑛、赵彧、姜思华、袁文清、张学愚、吴健、孙丽娟）

图 4-6 是某公共建筑三维模型,该建筑模型整体感强,层次丰富,有一定的视觉冲击力。

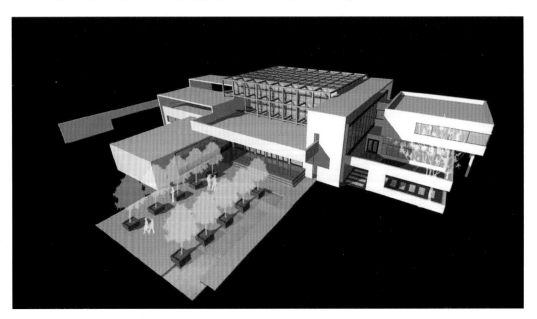

图 4-6　公共建筑三维模型

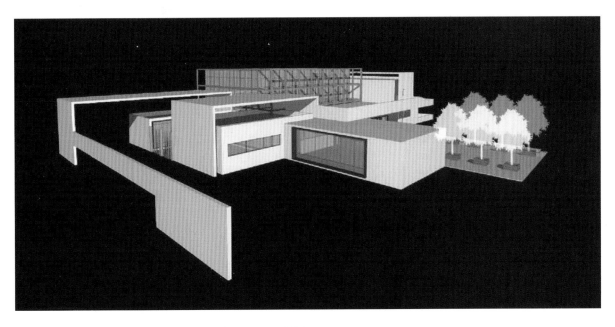

续图 4-6

图 4-7 是建筑景观规划模型,建筑部分的表达很概括,重点在建筑外环境的表达上,主要材料有纸板、薄木板、木条、波纹纸、绿地粉、各种成品型材等。

图 4-7   建筑景观规划模型 (作者:滕延霞、姜黎等)

续图 4-7

图 4-8 是宗教建筑模型，主要采用木材、丙烯颜料制作。

图 4-8　宗教建筑模型　（作者：金雯　指导教师：黄信）

　　图 4-9 是环境设计专业学生的毕业设计模型作品,模型主要采用密度板、泡沫板、泡沫块、小石子、绿地粉、树型材等制作。

图 4-9　某公共建筑模型　（作者:熊云浩、麻斌斌、梁少鹏　指导教师:黄信）

　　图 4-10 的建筑模型以密度板为主材,制作建筑主体部分和地形环境,水面采用波纹纸、蓝色底纹纸制作,湖边有小石子和细沙。

　　图 4-11 和图 4-12 为宗教建筑模型,采用模型板作为基材,纸材装饰,门窗用丙烯颜料上色,整个模型比例适当。

图 4-10　建筑模型　（作者:王冉、肖玥琪、肖迎蕾　指导教师:周麒）

图 4-11　上海路天主教堂模型　（作者:韩于波、郑帅、李诗怡、王暄、李书砚、柳旭、
　　　　曹小丽、刘姣、钱铖、潘有志、李斐斐、肖俏）

图 4-12　崇福寺弥陀殿模型　（作者:何德良、丁彦乔、夏彩娟、李冬发、钱晶、潘晋、王章斌、李剑、高博）

图 4-13 至图 4-16 为居住建筑及环境模型,模型采用 ABS 板作为主材,树型材、锡纸、绿地粉等作为辅材。

图 4-13　别墅景观模型

图 4-14　别墅建筑模型　（作者：朱惠梓、赖亚飞、乐娜、刘盼）

图 4-15　别墅景观模型　（作者：朱惠梓、赖亚飞、乐娜、刘盼）

图 4-16　道路景观模型

　　图 4-17 至图 4-19 为公共建筑及环境模型,模型采用 ABS 板和模型板作为主材,树型材、绿地粉等作为辅材。

图 4-17　建筑群规划模型

图 4-18　公共设施模型

图 4-19　建筑模型　（作者:陈勇、刘莹　指导教师:桂琳）

4.2

建筑模型公司作品欣赏

建筑模型公司作品欣赏如图 4-20 至图 4-30 所示。

图 4-20　居住区建筑模型

图 4-21　住宅建筑模型局部　（武汉赛悦模型设计有限公司）

图 4-22　居住区规划模型局部　（武汉赛悦模型设计有限公司）

图 4-23　别墅模型

图 4-24　高层建筑夜景模型

图 4-25　户型模型　（武汉赛悦模型设计有限公司）

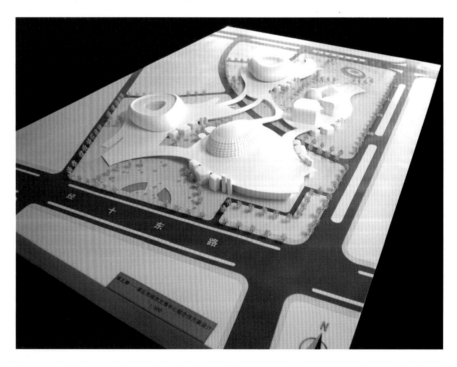

图 4-26　泉之舞——章丘区城市文博中心概念设计模型　（武汉赛悦模型设计有限公司）

图 4-27　碧桂园凤凰温泉度假酒店规划模型　（武汉赛悦模型设计有限公司）

图 4-28　十堰云燕绿色有机农副食品交易中心规划模型　（武汉赛悦模型设计有限公司）

图 4-29　咸宁市博物馆建筑模型　（武汉赛悦模型设计有限公司）

图 4-30　福州南站概念设计模型　（武汉赛悦模型设计有限公司）

▶▶▶ ┃思考题┃ ......

1. 收集若干张建筑模型图片，评析建筑模型作品所选用的材料、优缺点等。

2. 结合已学章节内容，参考第 5 章建筑模型制作图例，分组制作建筑展示模型，每组 3～4 人，建筑模型底座参考尺寸：500 mm×700 mm，材料不限。参考学时：32 学时。

模型制作要求：比例准确、制作精细，整体效果好，制作过程要有详细记录。

Jianzhu Moxing Zhizuo Jiaocheng

第 5 章
建筑模型制作参考图例

5.1
斗拱模型制作参考图例

图 5-1 和图 5-2 为斗拱模型，斗拱在中国古代建筑中起到支撑、连接柱网、调整构件高低、吸收地震能量、建筑装饰等作用，该模型用木材制作而成。

图 5-1　斗拱模型　（深圳大学建筑与城市规划学院学生作品）

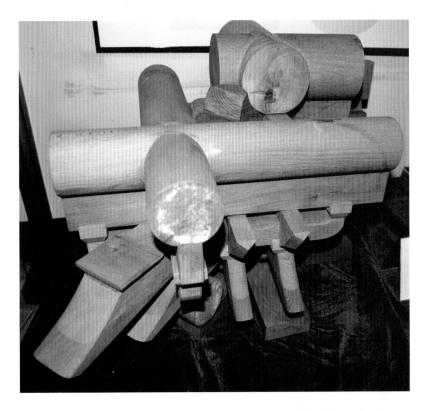

清式五踩柱头科
（单翘单昂）

图 5-2　斗拱模型　（武汉理工大学建筑系学生作品）

5.2
别墅模型制作参考图例

图 5-3 的建筑模型，主要采用瓦楞纸、模型板、绿地粉、底纹纸、泡沫板、磨砂玻璃胶片、树型材等制作。

图 5-3　某坡屋顶别墅模型

5.3
母亲住宅模型制作参考图例

图 5-4 和图 5-5 的母亲住宅模型，主要采用模型板、绿地粉、泡沫板、磨砂玻璃胶片、PVC 线材等制作。

图 5-4　母亲住宅模型　（深圳大学建筑与城市规划学院学生作品）

图 5-5　母亲住宅模型　（作者:康迪慧、蔡歆、李倩　指导教师:黄信）

5.4

其他建筑模型制作参考图例

图 5-6 至图 5-10 的建筑模型,主要采用模型板、密度板等制作。

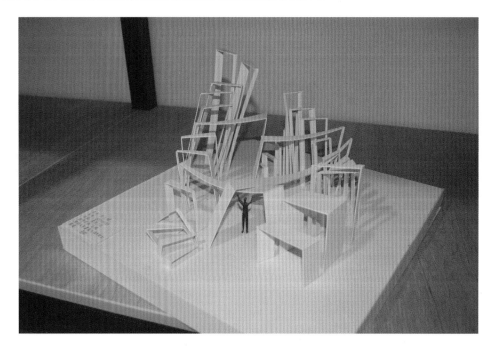

图 5-6　公共建筑模型一　（深圳大学建筑与城市规划学院学生作品）

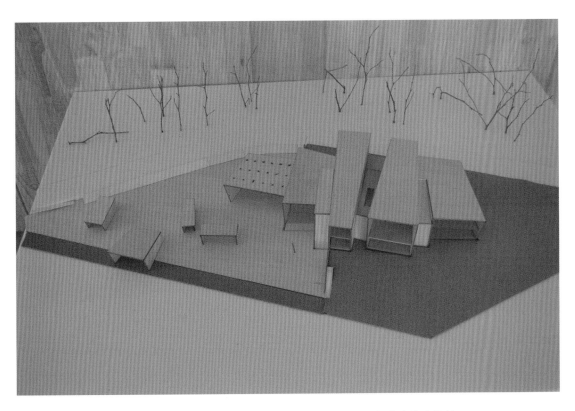

图 5-7　公共建筑模型二　（深圳大学建筑与城市规划学院学生作品）

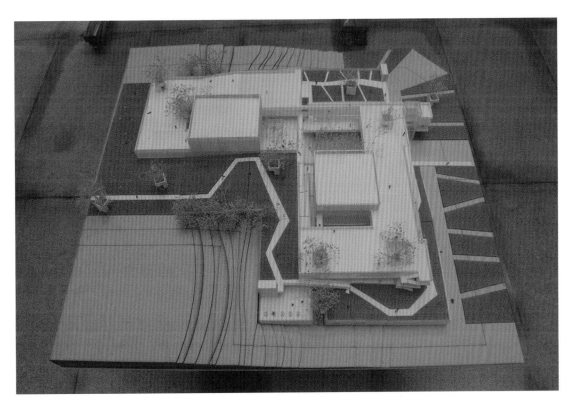

图 5-8　公共建筑模型三　（深圳大学建筑与城市规划学院学生作品）

图 5-9　公共建筑模型四　（深圳大学建筑与城市规划学院学生作品）

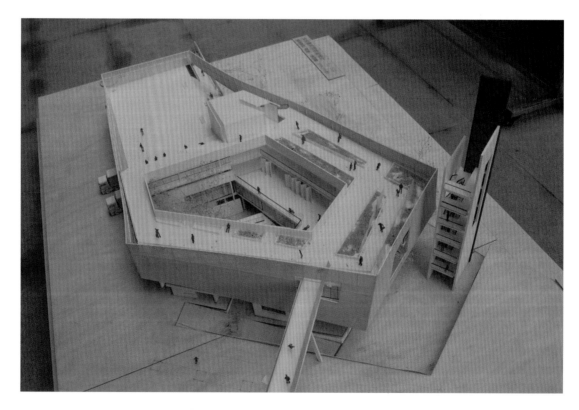

图 5-10　公共建筑模型五　（深圳大学建筑与城市规划学院学生作品）

图 5-11 的建筑模型,主要采用模型板、磨砂 PVC 片材等制作。

图 5-11　小型公共建筑模型　(作者:何婉娟　指导教师:黄信)

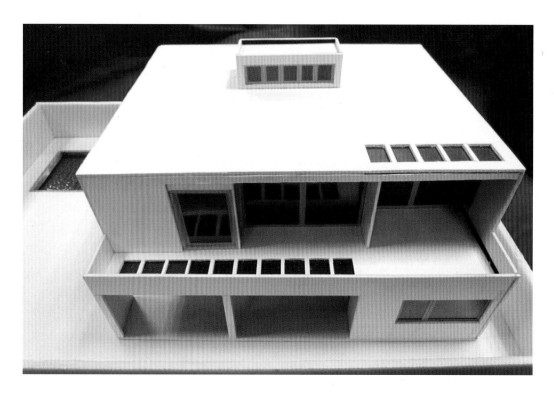

续图 5-11

图 5-12 的建筑模型，主要采用 ABS 板、泡沫板、树型材、绿地粉等制作。

图 5-12　别墅模型　（作者：姚海、代容、郑超　指导教师：黄信）

图 5-13 至图 5-16 为公共建筑模型,模型用到的材料有模型板、纸板、底纹纸、树型材、草地粉等。

图 5-13　公共建筑模型　(作者:王锦丽、刘伟、周艺丹、舒敏)

图 5-14　博学中学模型　(作者:王馨、刘雅蕙、枉达丰)

图 5-15　公共建筑模型一

图 5-16　公共建筑模型二

　　图 5-17 为斜拉桥及附属建筑模型,该模型用到的材料有模型板、PVC 线材、毛线、泡沫板、蓝色丙烯颜料、船型材等。

　　图 5-18 为红顶别墅模型,该模型的制作材料有模型板、绿地粉、泡沫板、瓦楞纸等。

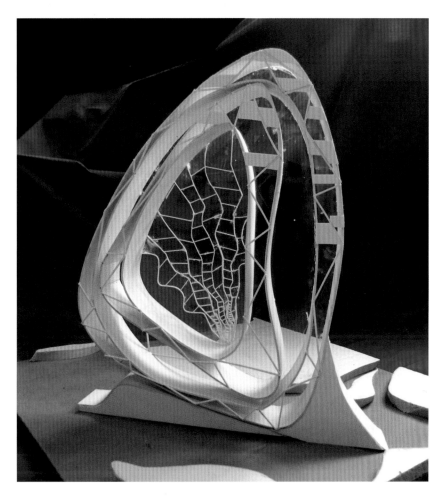

图 5-17　概念建筑模型

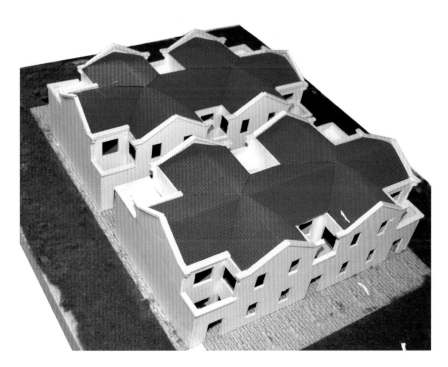

图 5-18　红顶别墅模型一

图 5-19 为红顶别墅模型,该模型的制作材料有模型板、瓦楞纸、树型材、底纹纸、PVC 棒材等。

图 5-19　红顶别墅模型二

图 5-20 的建筑模型,制作材料有模型板、树型材、栏杆型材、家具型材、泡沫板关、PVC 线材、碎沙石、蓝色丙烯颜料等。

图 5-20　湖边寓所模型　（作者:金定杰、李想、王文烨　指导教师:黄信）

图 5-21 的建筑模型,制作材料有模型板、树型材、泡沫板、PVC 线材、碎沙石、蓝色丙烯颜料、波纹纸、绿地粉等。

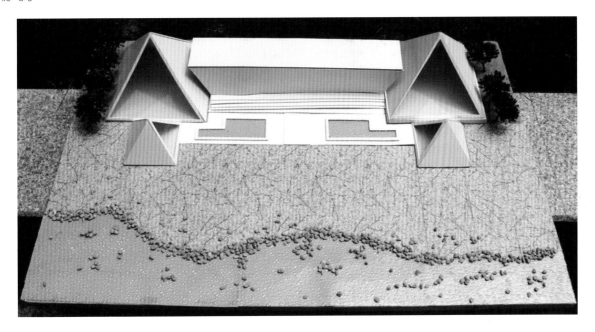

图 5-21   沙滩边的建筑模型   （作者:袁野、姚诗婕、熊静   指导教师:黄信）

图 5-22 的建筑模型,制作材料有模型板、树型材、泡沫板、PVC 型材、波纹纸、绿地粉、手喷漆、碎沙石等。

图 5-22   公共建筑模型   （作者:刘文、董雪雯、黄凌霄、张小红   指导教师:黄信）

续图 5-22

图 5-23 的建筑模型，制作材料有模型板、泡沫板、波纹纸等。

图 5-23　概念模型

5.5
室内空间模型制作参考图例

图 5-24 的室内空间模型,制作材料有模型板、树型材、碎石、蓝色丙烯颜料、波纹纸、绿地粉等。

图 5-24   儿童房室内空间模型   (作者:陈授言、唐倩、胡梦露)

图 5-25 至图 5-27 的室内空间模型,制作材料有 ABS 板、各种成品型材、布艺、底纹纸、绿地粉等。

图 5-25　住宅室内空间模型

图 5-26　住宅室内空间模型　（作者：关珊、刘莹　指导教师：曹喆）

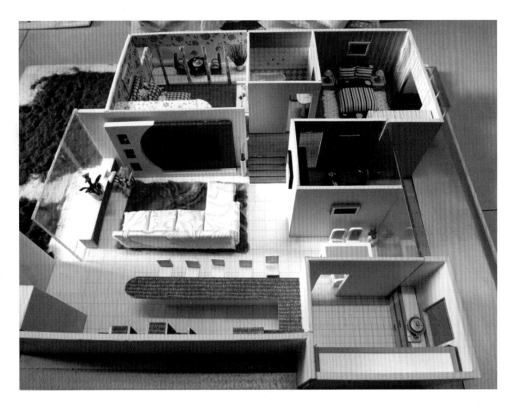

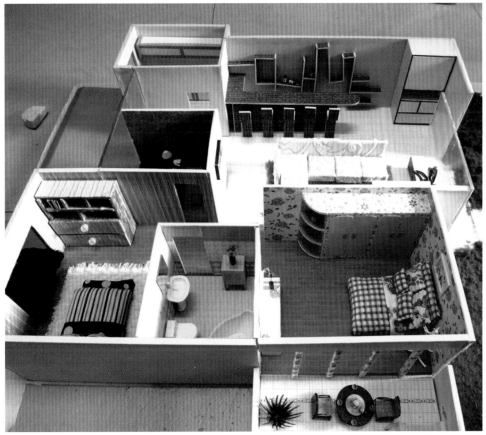

图 5-27　住宅室内空间模型　（作者：杨雪、张婷、陈惠敏　指导教师：曹喆）

图 5-28 至图 5-36 为学生习作，主要制作材料有模型板、底纹纸、布料、各种小装饰件等。

图 5-28　客厅沙发及背景墙模型　（作者：王思侃、段龙、付钊　指导教师：费雯）

图 5-29　卧室室内空间模型一

图 5-30　儿童房室内空间模型一

图 5-31　客厅室内空间模型一

图 5-32　卧室室内空间模型二

图 5-33　卧室室内空间模型三

图 5-34　卧室室内空间模型四

图 5-35　儿童房室内空间模型二

图 5-36　客厅室内空间模型二

图 5-37 和图 5-38 为学生的习作，主要制作材料有模型板、底纹纸、碎布、木片等。

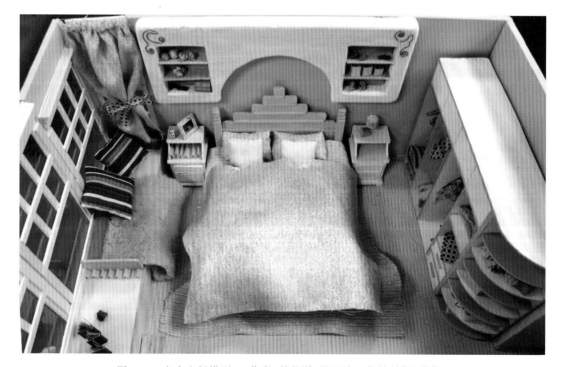

图 5-37　室内空间模型　（作者：吴梦洋、吴民欢　指导教师：黄信）

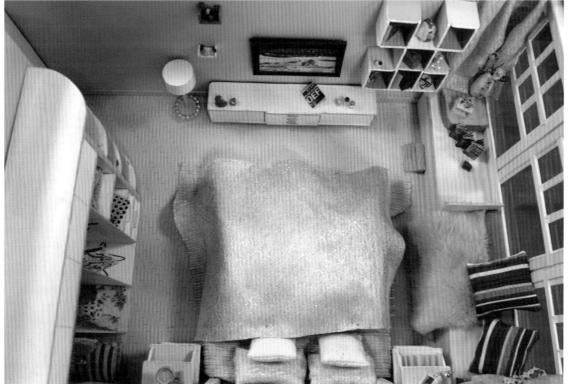

续图 5-37

续图 5-37

图 5-38　室内空间模型

5.6
建筑规划模型制作参考图例

图 5-39 为深圳某区域规划模型,主要制作材料有 ABS 板、锡纸、绿地粉和各种型材等。

图 5-39　区域规划模型一

图 5-40 至图 5-42 为居住区规划模型,主要制作材料有 ABS 板、锡纸、绿地粉和各种型材等。

图 5-40　居住区规划模型一

图 5-41　居住区规划模型二

图 5-42　居住区规划模型三

图 5-43 为区域规划模型,主要制作材料有密度板、PVC、锡纸、色卡纸等。

图 5-43   区域规划模型二

图 5-44 为概念规划模型,主要制作材料有模型板、丙烯颜料等。

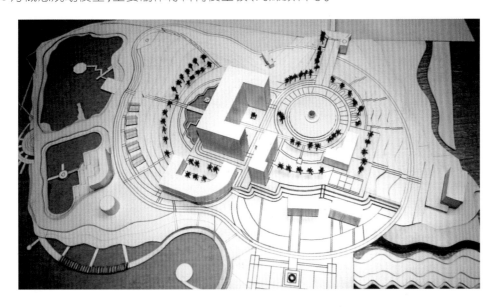

图 5-44   概念规划模型

图 5-45 为规划模型，主要制作材料有木材、树型材、底纹纸、有机板等。

图 5-45　规划模型　（作者：张冰梅、徐静姝　指导教师：张扬）

图 5-46 和图 5-47 为建筑规划模型，主要制作材料有密度板和树型材等。

图 5-46　建筑规划模型一　（作者：张冰梅、徐静姝　指导教师：张扬）

图 5-47　建筑规划模型二　（作者：张冰梅、徐静姝　指导教师：张扬）

图 5-48 为建筑群规划模型，反映了武汉国际博览中心和周围建筑规划。

图 5-48　建筑群规划模型

续图 5-48

"建筑模型制作"课程教学大纲

课程类型:专业基础必修课

授课对象:本科环境艺术设计专业

授课时间:本科第 4 学期

学分学时:1.5 学分,授课 16 学时,课程设计 32 学时

先修课程:设计思维与表达

一、课程的性质、目的和任务

本课程为专业基础课,通过本课程的学习,让学生对建筑模型的概念、历史进程、材料及模型制作方法有一定的认识,分析优秀的学生模型作品,考察建筑模型制作流程,并分组完成建筑模型的制作。

二、课程教学内容与要求

第 1 章 概述

本章教学目标:学习建筑模型的概念、发展历程、作用、分类。

本章教学基本要求:了解建筑模型的概念,理解建筑模型发展历程,理解建筑模型的作用和分类。

本章教学要点:我国建筑模型发展的阶段,建筑模型的作用,建筑模型的种类,各种建筑模型的特点。

本章教学难点:建筑模型的作用和分类。

1.1 建筑模型的概念

1.2 建筑模型的发展历程

1.3 建筑模型的作用

1.4 建筑模型的分类

第 2 章 建筑模型的制作材料与工具

本章教学目标:识别常用建筑模型制作的材料和用具以及材料与工具的应用技巧。

本章教学基本要求:了解各种材料和工具的名称,理解材料与工具的应用技巧。

本章教学要点:识别常用建筑模型制作的材料与工具。

本章教学难点:材料与工具的应用技巧。

2.1　建筑模型的制作材料

2.2　建筑模型的制作工具

第3章　项目式教学实践

本章教学目标：理解和掌握模型制作的常用方法和技巧。

本章教学基本要求：理解和掌握模型制作的常用方法和技巧，掌握建筑模型制作材料与工具的使用方法。

本章教学要点：掌握建筑模型制作材料与工具的使用方法。

本章教学难点：掌握建筑模型制作材料与工具的使用方法。

3.1　项目式教学实践1——图案雕刻

3.2　项目式教学实践2——坡屋顶建筑模型制作

3.3　项目式教学实践3——茶室建筑模型制作

3.4　项目式教学实践4——咖啡厅室内空间模型制作

3.5　项目式教学实践5——建筑小品模型制作

3.6　项目式教学实践6——建筑外环境模型制作

第4章　建筑模型作品欣赏

本章教学目标：通过大量的学生作品让学生对建筑模型制作效果有进一步的认识，学会对建筑模型进行简单的评价。

本章教学基本要求：理解鉴赏优秀建筑模型的方法。

本章教学要点：分析优秀建筑模型的制作方法。

本章教学难点：学会借鉴优秀建筑模型的制作方法。

4.1　学生建筑模型作品欣赏

4.2　建筑模型公司作品欣赏

第5章　建筑模型制作参考图例

本章教学目标：建筑模型制作图例作为学生制作模型的参考素材。

本章教学基本要求：学习优秀模型作品的表现方法。

本章教学要点：学习优秀模型作品的表现方法。

本章教学难点：学习优秀模型作品的表现方法。

三、课程教学方法与考核

教学方法：案例式教学。

考核形式：建筑展示模型，底座参考尺寸：500 mm×600 mm；3～4人/组。

成绩构成：平时成绩×30％＋模型制作成绩×70％。

评定要求：

90分以上：模型主题明确，模型制作记录翔实，构思新颖，选材准确；模型各部分的色彩搭配准确，比例正确，整体感强，视觉效果佳；模型制作精细，环境表达与建筑形态很好融合。

80～89分：模型主题较明确，模型制作记录较翔实，构思较新颖，选材较准确；模型色彩搭配较准确，比例较正确,整体感较强,视觉效果良好;模型制作较精细,环境表达与建筑形态较好融合。

70~79分:模型主题一般,模型制作记录内容一般,构思一般,选材一般;模型色彩搭配一般,比例一般,整体感一般,视觉效果一般;模型制作精细度一般,环境表达与建筑形态融合度一般。

60~69分:模型主题不够明确,模型制作记录不翔实,构思一般,选材一般;模型色彩搭配不够合适,比例不够适当,整体感较弱,视觉效果较弱;模型制作精细度不足,环境表达与建筑形态融合度较弱。

不及格:模型主题不明确,无模型制作记录,构思较差,选材不合适;模型色彩搭配不合适,比例不适当,整体感弱,视觉效果弱;模型制作精细度不足,环境表达与建筑形态融合较差。

四、学时分配

章	学 时 分 配					合　　计
	讲课	实验课	上机课	课堂练习	其他	
第1章	2	—	—	—	—	2
第2章	2	—	—	—	—	2
第3章	2	—	—	—	—	2
第4章	4	—	—	—	—	4
第5章	6	—	—	—	—	6
课程设计	—	—	—	32	—	32
合计	16	—	—	32	—	48

编制人:黄信

参考文献
References

［1］莫敷建,陈菲菲.建筑模型设计与制作教程［M］.南宁:广西美术出版社,2008.

［2］郭红蕾,阳虹,师嘉,等.建筑模型制作——建筑·园林·展示模型制作实例［M］.北京:中国建筑工业出版社,2007.

［3］黄源.建筑设计与模型制作——用模型推进设计的指导手册［M］.北京:中国建筑工业出版社,2009.

［4］黄源.建筑设计初步与教学实例［M］.北京:中国建筑工业出版社,2007.

［5］郎世奇.建筑模型设计与制作［M］.北京:中国建筑工业出版社,2006.

［6］梅映雪.建筑模型制作［M］.长沙:湖南人民出版社,2009.

［7］邓东,吴钢.北京中信国安会议中心庭院式客房设计［J］.建筑学报,2009(11):36.

［8］刘小波,谭英6,Ulf Ranhagen.打造"深绿型"生态城市——唐山曹妃甸国际生态城概念性总体规划［J］.建筑学报,2009(5):1-6.

［9］邓蜀阳,许懋彦,张彤,等.走在十八梯——2011八校联合毕业设计作品［M］.北京:中国建筑工业出版社,2011.

后记
Postscript

　　建筑模型制作课程在环境艺术设计专业和建筑学专业课程中属于专业基础课,但要求各有侧重,建筑学专业"建筑模型制作"课程要求相对更高,往往是在建筑方案设计的同时制作建筑构思模型和建筑方案汇报模型,使建筑模型制作与建筑设计相辅相成,用建筑模型的方式推动建筑设计。环境艺术设计专业建筑模型制作课程更加侧重学生对空间、材料、工具的理解与运用,提高学生的审美意识、尺度意识、比例意识,感受建筑组合空间。本书内容适合于环境艺术设计专业的学生阅读。本书是编者多年教学成果的积累,结构清晰,易懂易学,可作为高校环境艺术设计专业教材,也可作为其他相关专业的课程参考书,同时可作为建筑模型制作爱好者的自学用书,希望同行提出宝贵的意见和建议。

编　者

2022 年 1 月